KB107308

네이버　카카오뱅크　카카오페이　KG이니시스　㈜비바리퍼블리카　고위드

핀테크
산업분야 취업가이드

저자 미래기술정보리서치

취업을 위해 꼭 알아야 하는 용어와 이슈
대표 기업 취업 성공방식
숲과 나무를 동시에 보는 산업분야 스터디

<제목 차례>

1 핀테크 관련기업 소개

1. 핀테크 관련기업 소개

가. 네이버(네이버 파이낸셜)

1) 기업소개[1]

NAVER
FINANCIAL

네이버파이낸셜은, 2019년 11월, 네이버의 금융 전문 자회사로 출범했다. 네이버파이낸셜은, 은행업엔 진출하지 않고 네이버페이로 쌓은 빅데이터를 바탕으로 커머스 플랫폼 기반 금융서비스 제공을 목적으로 네이버페이를 비롯한 결제 관련 사업을 물적 분할했다.

네이버파이낸셜은 '비금융 데이터', '고객유치와 비용절감의 플랫폼', '상생할 수 있는 파트너' 등 무한 성장과 시장 경쟁력 요소를 확보 하고 있기 때문에, 대안신용평가를 활용한 대출시장에서 강점을 가지고 있다. 또한, 네이버파이낸셜은 네이버 '스마트스토어'라는 커머스플랫폼에 매우 많은 대안데이터가 축적되고 있고, 판매자 활동을 위해 반드시 플랫폼에 입점을 해야하고, 입점을 하면서 필요한 자금 대출 수회를 인지할 수 있는 환경을 확보하고 있다.

스마트 스토어란 쇼핑몰과 블로그의 장점을 결합한 블로그형 원스톱 쇼핑몰인 마켓플레이스로 '누구나 쉽게 만들 수 있고, 누구나 쉽게 입점'할 수 있다. 또한 스마트스토어에 입점한 영세 상인을 대상으로, 카드수수료와 네이버 쇼핑 수수료외 별도의 추가 수수료가 없는 저렴한 플랫폼이다. 상품 판매는 네이버의 다양한 판매영역과 검색 결과에 상품을 노출 할 수 있고, 상품 구매는 네이버페이를 통해 이루어진다. 이러한 낮은 수수료와 높은 편리성을 제공하는 스토어의 장점이 판매상들을 스마트스토어로 끌어 들인 이유이고, 약 30만명 이상의 판매상이 등록된 대규모 스토어이다. 스마트스토어는 고객의 검색습관을 바탕으로 판매자들에게 커머스 인프라를 제공하는 '플랫폼 사업자'로서 자리를 잡았다. 나아가, 네이버파이낸셜의 대출 서비스는 결국 이 스마트스토어의 상품 판매와 구매에서 발생되는 생산자, 소비자의 모든 데이터가 근간이 되어 활용된다.

---

[1] 네이버, 신입 개발자 공채 돌입…"200여명 채용", 한국경제, 2020

이처럼 향후에는 플랫폼 기반의 사업에서 또 다른 부가가치의 새로운 사업영역을 창출하는 형태가 지속적으로 증가될 것으로 전망한다.

최근에는 네이버 파이낸셜에서 '네이버통장'이 나올 가능성이 커졌다. 금융당국이 은행의 '과점체제'를 깨기 위한 방법으로 비은행권의 은행업무 겸영을 허용하기로 논의를 진행하고 있기 때문이다. 금융당국은 '은행권 경영·영업관행·제도 개선 태스크포스'를 꾸리고 본격적인 논의를 진행하고 있다. 업계가 주목하고 있는 것은 '종합지급결제업 허용'이다. 종합지급결제업이란 하나의 라이센스를 통해 대금결제업, 자금이체업, 결제대행업 등 모든 전자금융업무를 영위하는 사업자를 뜻한다. 당국이 이를 허용할 시 현재 비은행권에서는 불가능한 독자적인 계좌 발급이 가능해진다. 즉, 카드사가 통장을 갖고 결제와 이체 업무를 할 수 있게 된다는 얘기다.

현재는 네이버파이낸셜은 네이버페이 서비스를 통해 미래에셋대우와 제휴한 자산관리계좌(CMA)를 제공하고 있지만, 향후에는 독자적인 '네이버통장'을 발급할 수 있게 된다. 특히 네이버는 산업자본과 고객 파이까지 이미 갖추고 있다는 점에서 유력한 신규 플레이어로 거론된다.[2]

최근에는 네이퍼파이낸셜이 '네이버페이 캠퍼스존'을 전국 30여개 대학교로 확대했다. 네이버페이 캠퍼스존은 대학 내 생활협동조합에서 운영하는 식당, 카페, 편의점 등에서 네이퍼페이 현장결제를 이용할 수 있도록 대학교 및 케이터링사 등과 제휴한 것으로, 현재 포항공과대학 등 20개 대학교 캠퍼스에서 네이버페이 현장결제를 이용할 수 있다.[3]

---

2) '삼성통장' '네이버통장' 나오나요?…넘어야 할 산은 / 일간스포츠
3) 네이버파이낸셜, '네이버페이 캠퍼스존' 확대 / ZDNET Korea

2) 채용공고 소개

가) 보험 서비스 기획자 채용

(1) 자격요건

모집부문	자격요건
서비스 매니지먼트	**담당업무** · 보험 관련 신규 금융 서비스 기획 · 출시 서비스의 고도화 및 부스팅 · 국내/외 핀테크, 인슈테크 동향 모니터링 및 벤치마킹 **자격요건** · 서비스 기획 경력 3년 이상 · 데이터 기반으로 분석 경험이 있으신 분 (SQL 기본) · 사용자의 입장에서 서비스를 기획할 수 있는 유연한 사고 · 기존 서비스의 장점과 한계에 대한 본인만의 통찰력 · 아이디어를 구현하는 과정에서 발생하는 장애물들을 극복할 수 있는 추진력과 집요함 · 모바일, 디지털 환경에 적합한 서비스 기획 역량 · 디지털 채널에서의 보험에 대해 많은 관심과 새로운 서비스, 상품 등에 대해 깊이 있는 고민을 해본 분 **우대사항** · 플랫폼 내 서비스 기획 수행한 경험 (서비스 종류 무관)

(2) 전형방법

서류전형 》 인성검사 》 1차면접 》 최종면접 》 최종합격

나) Compliance 및 금융소비자정책 담당자 채용
　　(1) 자격요건

모집부문	자격요건
Risk Management	**담당업무** • 규제 준수, 특히 금융소비자보호법 준수와 관련한 내부 규정과 정책 수립, 개선, 관리 • 내부통제가 필요한 과제를 발굴하고, 통제방법을 만들어 실행 • 수립된 업무 기준과 프로세스를 동료들에게 홍보, 안내, 교육 **자격요건** • 컴플라이언스 또는 금융소비자보호 실무 경력을 가진 분 (2년~7년) • 규제 환경과 내용을 파악하여 현업에 적용할 수 있는 능력을 가진 분 • 새로운 환경 및 업무를 빠르게 습득하고 적극적으로 문제를 해결할 수 있는 분 • 다양한 조직과의 협업 및 의사소통에 강점이 있는 분 **우대사항** • IT 또는 핀테크 서비스 업무에 대한 이해도가 높은 분

　　(2) 전형방법

서류전형 》 인성검사 》 1차면접 》 최종면접 》 최종합격

다) FDS 데이터분석 담당자 채용
　　(1) 자격요건

모집부문	자격요건
FDS 데이터분석 담당자 채용	**담당업무** [데이터 모델링] - 가맹점 Fraud 유형별 탐지 모델 개발/관리 - Abnormal 관점의 이상치 분석 - 신규 위험 분석 및 미인지 Risk 대응 - FDS 시스템 기획/운영 **자격요건**

	- 관련 업무 5년 이상 ~ 10년 이하
	- 대용량 데이터 분석 가능자 (SAS, R, Python)
	- 머신러닝/딥러닝의 주요 방법론을 실제로 수행해본 경험자
	- Hadoop (Hive/Impala, Spark 등) 시스템 또는 유사 플랫폼 연계 분석 가능자
	우대사항
	- 통계, 빅데이터 분석, 모델링 관련 전공 석사 학위 소지자 우대
	- 전자금융업자 및 카드/은행 등 금융사 FDS 기경험자
	- Target 불균형 문제를 해결하기 위한 방법론을 이해하고 있는 자

(2) 전형방법

서류전형 》 온라인 코딩테스트 》 인성검사 》 1차면접 》 최종면접 》 최종합격

라) 카드 마케팅 기획자 채용
(1) 자격요건

모집부문	자격요건
카드 마케팅 기획자	**담당업무** - 신용카드 모집대행 사업 확장을 위한 플랫폼/제휴 기획 및 제휴사 관리 - 네이버/네이버파이낸셜 및 계열사의 카드결제 관련 신사업 기획 - 카드마케팅 사업 실적 관리 및 마케팅 지표 분석 - PLCC / 제휴카드 상품 개발 **자격요건** - 온라인 플랫폼 대상 카드마케팅 경력 3년 이상 ~ 8년 미만 보유하신 분 - 신용카드 산업 전반 및 주요 지급결제 프로세스에 대한 이해도가 높으신 분 - 주요 카드/핀테크 사 등에서 카드 결제 사업 관련 업무 수행 경력이 있으신 분 - 사업 전략을 논리있게 분석·정리·전달(PPT/Excel)할 수 있는 역량을 보유하신 분 - 카드 상품 서비스 구조와 운영 업무, UI/UX 화면 기획 업무에 대한 이해도가 있으신 분 **우대사항**

	- Data mining 역량 및 DW 활용 가능하신 분 - 신용카드 모집대행 관련 플랫폼 제휴 경험이 있으신 분 - 개인 사업자 대상 카드상품 개발 혹은 프로모션 운영 경험이 있으신 분 - 카드결제 및 마케팅 관련 전산개발 프로젝트를 상위 기획부터 런칭까지 리딩 해보신 분

(2) 전형방법

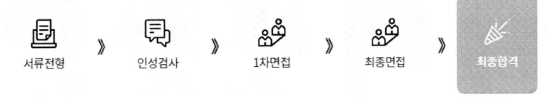

서류전형 》 인성검사 》 1차면접 》 최종면접 》 최종합격

마) 증권 서비스 기획자 채용
(1) 자격요건

모집부문	자격요건
증권 서비스 기획자	**담당업무** - 네이버 증권 서비스 기획 및 운영 - 신규 서비스 기획 및 타서비스(검색 등)와 연계 - 국내외 경쟁사 분석 및 사업전략 모색 **자격요건** - 웹서비스 기획 경험 1년 이상 - 주식, ETF 등 금융 상품 및 재테크에 관심이 많은 분 - 증권사 MTS, 토스, 카카오 페이 등 금융 관련 App 유경험자 **우대사항** - 금융플랫폼 및 포털 경력자 우대 - 금융회사(증권, 은행 등) 디지털부서 경력자 우대 - 금융(증권) 서비스 기획 및 운영 업무 경력 우대

(2) 전형방법

서류전형 》 인성검사 》 1차면접 》 최종면접 》 최종합격

바) FDS정책 담당자 채용
(1) 자격요건

모집부문	자격요건
FDS정책 담당자	**담당업무** - FDS 모니터링 시스템 기획/운영 - FDS 정책/운영 가이드 수립 및 관리 - 부정 결제 조사 및 심사 정책 관리 - 금융당국 및 금융사와의 FDS 정보 공유 운영 **자격요건** - 관련 업무 3년 이상 - FDS 모니터링 업무 가이드 수립 경험자 - FDS 관점의 대외 협력 경험자 (수사기관과의 협업 경험 포함) - 결제도용 관련 민원 대응 및 심사 가이드 수립 경험자 **우대사항** - 전자금융업자 및 카드/은행 등 금융상 FDS 기경험자 우대 - 데이터 분석을 통한 문제 해결 가능자

3) 전형방법

서류전형 》 인성검사 》 1차면접 》 최종면접 》 최종합격

*일정 및 상황에 따라 **2차 면접** 실시

4) 채용관련 팁

네이버는 신입사원을 모집할 때 공채뿐만아니라 채용연계형 인턴을 통해 모집한다고 하니 네이버 인턴을 지원해보는 것이 취업에 있어서 유리하다.

네이버는 지원자들에게 입사 준비 과정에서 필요한 정보를 제공하기 위해 '2020 신입개발공채 체크포인트' 페이지를 개설했다. 올해 채용의 중요한 키워드를 비롯해, 개발 문화와 업무 환경, 입사 준비 과정 등 네이버 개발자들의 경험을 만나볼 수 있으며, 또한 지원자들이 궁금해하는 내용에 대해 면접관과 신입사원이 직접 작성한 답변도 확인할 수 있다.

나. 카카오 뱅크

1) 기업소개

카카오뱅크는 카카오톡과의 연계로 2016년 설립되어 100% 스마트폰 전용으로 운영되는 인터넷 전문은행이다. 모바일 앱을 통해 비대면으로 수신과 여신 등의 업무를 처리하며 사업을 영위하고 있다. 당사는 금융 상품에 재미와 감성, 사회적 기능을 최초로 접목했다. 게이미피케이션(Gamification·게임화) 요소를 지닌 '26주 적금', 사회적 기능을 탑재한 '모임 통장'이 대표적인 사례다. 당사는 금융 모바일 앱 부문에서 MAU 1400만 명(닐슨 미디어 디지털 데이터 기준)으로 1위에 올라 있으며 설립 5년만인 2021년 총 고객 수가 1700만명을 돌파하며 지속적인 고객 증가세를 보이고 있다.

오픈 초기 디지털 환경에 친숙하고 새로운 혁신 서비스 수용에 적극적인 특성을 지닌 20~30대의 젊은층을 중심으로 고객군이 형성됐으나, 이후 상품 및 서비스의 효용과 안정성 등이 입증되며 전 연령층으로 고객 기반이 확대되고 있다. 당사는 최근 중저신용 고객 대상 금융 상품 및 고객 혜택을 강화하고 있다. 2022년 6월 중저신용 고객 대출 확대를 위한 태스크포스(T/F)를 구성했으며 같은 달 새로운 신용평가모형을 적용했다. 8월에는 중저신용 고객 전용 대출 신상품을 추가 출시하고 26주적금에 가입하는 중저신용 고객에 대해서는 이자를 두배 주는 프로모션도 진행하는 등 신파일러(Thin Filer) 고객을 위한 혜택을 마련했다.[4]

---

4) catch.co.kr / 카카오뱅크 기업개요

2) 채용공고 소개[5]

가) 웹 애플리케이션 개발자 채용
(1) 자격요건

모집부문	상세내용
웹 애플리케이션 개발자	**담당할 업무** · 보안 포탈 개발 및 운영 · 보안 포탈 어드민 개발 및 운영 · 보안 데이터 분석 및 수집 플랫폼 연동 개발 **필수 경험과 역량** · Java, Kotlin, JavaScript 중 한 가지이상 언어에 능숙한 분 · 주도적 업무 수행 및 문제해결 역량을 보유한 분 · 리눅스 환경에 익숙한 분 · 관련 경력 3년 이상인 분 *관련 경력 3년 이상의 실무자 포지션입니다. **우대사항** · Spring, Rdbms, Vue 기반 웹애플리케이션 개발 경험이 있는 분 · MSA 환경 개발이 가능한 분 · Elasticsearch 연계 및 개발 경험이 있는 분 **[공통 우대 사항]** · 국가유공자 및 장애인 등 취업보호대상자는 관계법령에 따라 우대합니다. (입사지원 시 증빙서류를 첨부하는 경우에 해당하며, 증빙서류는 포트폴리오 란에 첨부해주시길 바랍니다.)

(2) 전형방법

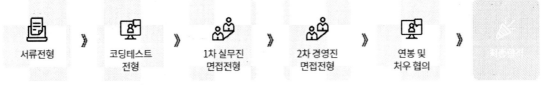

서류전형 》 코딩테스트 전형 》 1차 실무진 면접전형 》 2차 경영진 면접전형 》 연봉 및 처우 협의 》 최종합격

· 근무부서 : 정보보호플랫폼팀
· 근무지 : 카카오뱅크 판교오피스 (경기도 성남시 분당구 분당내곡로 131)

---

5) catch.co.kr / 카카오뱅크 채용공고

나) 정보보호기획 담당자

 (1) 자격요건

모집부문	상세내용
정보보호기획	**담당할 업무** *아래 업무 중 업무 역량 및 지원자의 희망 의사를 고려해 업무를 배정할 예정입니다. · 개인(신용)정보보호 점검체계 설계/관리 · 정보유출 및 보안통제 위반 현황 가시화 및 자동화 · 각종 개인(신용)정보보호 점검 수행 및 관리 **필수 경험과 역량** · (개인)정보보호관리체계 수립 및 운영 경험이 있는 분 · Elasticsearch 등 빅데이터 플랫폼을 이용한 데이터 분석 경험이 있는 분 · 주도적 업무수행 및 문제해결 역량을 보유한 분 · 유관 경력 5년 이상인 분 *경력 5년 이상의 실무자 포지션입니다. **우대사항** · 오픈소스를 이용한 가시화 및 업무자동화 수행 경험이 있는 분 · 신기술, 라이센스업 등 다양한 업무환경에서 개인(신용)정보보호 수행 경험이 있는 분 · 전자금융감독규정 준수를 위한 개인(신용)정보보호 통제활동 설계 경험이 있는 분

 (2) 전형방법

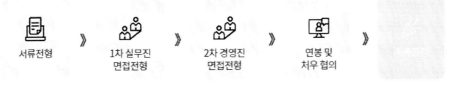

서류전형 》 1차 실무진 면접전형 》 2차 경영진 면접전형 》 연봉 및 처우 협의 》

· 근무부서 : 정보보호보증팀
· 근무지 : 카카오뱅크 판교오피스 (경기도 성남시 분당구 분당내곡로 131)

다) QA 담당자 - 계정계 테스트
  (1) 자격요건

모집부문	상세내용
정보보호기획	**담당할 업무** · 계정계 시스템 테스트 계획서 및 테스트케이스 작성, 테스트 수행 · QA 업무 프로세스 수립 · 품질/결함관리 · 지속적 배포히스토리 점검 및 개선사항 검토 **필수 경험과 역량** · QA 경력 5년 이상인 분 · 소프트웨어 테스팅 관련 지식을 보유한 분 · 소프트웨어 테스팅 기법에 의한 테스트 분석/설계/수행이 가능한 분 · 지속적 품질 관리 활동 및 결함 분석, 오류 보고에 능한 분 · 적극적으로 동료들과 소통하고 책임감이 높은 분 · 긍정적이고 유연한 사고방식을 소유한 분 **우대사항** · 금융권 QA 경험이 있는 분 · 테스팅 자격증을 소유한 분 · 자동화 테스트 경험이 있으신 분 · 여신/수신 업무 프로세스 이해도가 높은 분 · 테스트 자동화 경험을 보유한 분

  (2) 전형방법

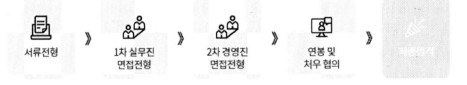

서류전형 》 1차 실무진 면접전형 》 2차 경영진 면접전형 》 연봉 및 처우 협의 》 최종합격

라) 경영기획/관리 담당자 채용
  (1) 자격요건

모집부문	상세내용
경영기획/관리	**담당할 업무** · 전행 경영전략 수립 및 분기별 실적 모니터링 지원 · KPI 수립 및 운영 · 경영진 수명업무 수행

모집부문	상세내용
	· 기타 제반 기획/운영 업무 지원 **필수 경험과 역량** · 전사 경영기획/전략 업무 혹은 경영컨설팅 경험이 있는 분 · 금융/핀테크/Tech 기반 Industry Knowledge에 대한 이해도가 높은 분 · PPT/Excel/Word 기반 Documentation 역량을 보유한 분 · 이슈 분석 및 문제 해결 역량이 뛰어난 분 · 관련 경력이 1년 이상 12년 이하인 분 **우대사항** · 대기업 경영기획/전략/관리팀 혹은 주요 컨설팅펌 경력이 있는 분 · 주요 금융사 / 핀테크사 근무 경력이 있는 분 · 다양한 조직과 유연하게 소통하고 적극적으로 협업하는 분 · 긍정적 사고와 확고한 직업윤리가 있는 분 · 자기주도적인 업무 성향인 분

(2) 전형방법

서류전형 》 1차 실무진 면접전형 》 2차 실무진 면접전형 》 3차 경영진 면접전형 》 연봉 및 처우 협의 》

· 근무부서 : 운영팀
· 근무지 : 카카오뱅크 판교오피스 (경기도 성남시 분당구 분당내곡로 131)

마) 서비스 기획자 - 계좌의 확장
   (1) 자격요건

모집부문	상세내용
서비스 기획자 - 계좌의 확장	**담당할 업무** · 카카오뱅크 mini 프로덕트의 개선과 운영 · 카카오뱅크 mini의 기반이 되는 플랫폼 기획과 운영 · 비즈니스 임팩트를 만들 수 있는 신규 서비스 기획 및 제안 · 어드민 및 통합단말 고도화, 시스템 개선 **필수 경험과 역량** · 모바일 어플리케이션 또는 기업 시스템 기획/운영 경험이 5년 이상인 분 · 고객의 입장에서 문제를 바라보고, 해결한 경험이 있는 분 · API 관련 경험/노하우를 보유한 분

	· 고객 서비스 운영을 경험한 분 · 디자인 및 개발과 원활한 커뮤니케이션이 가능한 분 **우대사항** · 금융권 디지털 조직 또는 핀테크 관련 기업에서 근무한 경력이 있는 분 · 미성년자, 외국인 대상 서비스 운영/기획 경험이 있는 분 · 비대면 뱅킹 프로세스에 대한 이해도가 높은 분 · 모바일과 백오피스 서비스를 모두 경험한 분

(2) 전형방법

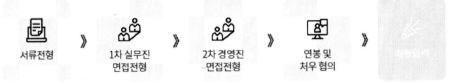

서류전형 》 1차 실무진 면접전형 》 2차 경영진 면접전형 》 연봉 및 처우 협의 》

바) 서비스 기획자 – 기업 여신 채용
(1) 자격요건

모집부문	상세내용
서비스 기획자 - 기업여신 채용	**담당할 업무** · 모바일 서비스/플랫폼 기획 · 프로세스 및 화면 세부 설계 · 프로젝트 구축 및 진행 · 데이터 분석 및 서비스 운영 **필수 경험과 역량** · 모바일 앱 서비스 기획을 주도적으로 진행하고, 이를 통해 정량적 결과를 확인한 경험이 있는 분 · 기 출시된 서비스의 신규 가치 창출을 위한 시도, 혹은 서비스/사업 확장을 시도한 경험이 있는 분 · 우선순위 정의, 문제 정의, 이해관계자 협의 등 기획 업무 진행을 위한 기본적인 경험이 있는 분 · 기본적인 UI/UX에 대한 이해가 있으며, 유저 플로우 및 시나리오 설계 가능한 분 · 새로운 환경과 도메인에 대한 지식 습득력과 응용력이 좋은 분 · 주도적으로 업무를 진행하고 논리적인 커뮤니케이션 능력을 갖춘 분 · 관련 경력 5년 이상인 분

우대사항 · 금융, 결제, 커머스, 플랫폼 기획에 대한 경험이 있는 분 · 서비스에 대한 컨셉 제안부터 설계, 구축, 대고객 출시까지 경험이 있는 분 · 금융업 및 핀테크 등의 트렌드에 밝고 이해도가 높은 분 · 긍정적인 사고와 강한 집념, 문제 해결을 위한 관점으로 일하는 분 · 다양한 산업 및 새로운 기술(AI, 오픈뱅킹, 마이데이터 등)에 관심이 많은 분	

(2) 전형방법

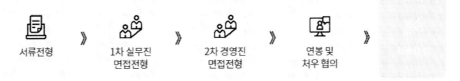

서류전형 》 1차 실무진 면접전형 》 2차 경영진 면접전형 》 연봉 및 처우 협의 》

사) 사업기획 담당자 - 인증 채용
  (1) 자격요건

모집부문	상세내용
사업기획 담당자 - 인증 채용	**담당할 업무** · 인증 사업 기획 · 인증서 운영 정책 수립/관리 · 인증서 발급/이용에 관한 상세 프로세스 기획/관리 · 인증 서비스를 위한 제휴사 API 서비스 기획/관리 · 인증 서비스를 위한 제휴사 포털 사이트 기획/관리 · 본인확인기관, 전자서명인증사업자 심사대응 **필수 경험과 역량** · 인증 사업에 대한 이해도가 높은 분 · 인증서/전자서명 관련 컴플라이언스 이해 역량을 보유한 분 · OPEN API 및 데이터 흐름에 대한 이해 및 설계 역량을 보유한 분 · API 운영 매뉴얼 작성 역량을 보유한 분 · 총 경력 5년 이상인 분 **우대사항** · 전자서명인증사업자, 본인확인기관, WebTrust 인증, ISMS-P 인증 취득/갱신/컨설팅 경험이 있는 분 · X.509, PKCS 표준에 대한 이해도가 높은 분

· 모바일 애플리케이션 및 사용자 키 관리 체계에 이해도가 높은 분 · PKI 솔루션 기획 또는 개발 경력이 있는 분 · IT지식 및 개발에 대한 이해도가 높은 분 · 적극적으로 동료들과 소통하고 책임감이 높은 분 · 긍정적인 마인드가 넘치는 분

3) 전형방법

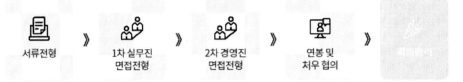

서류전형 》 1차 실무진 면접전형 》 2차 경영진 면접전형 》 연봉 및 처우 협의 》 최종합격

4) 채용관련 팁
가) 채용현황

신입/경력 채용현황
신입/경력 33
신입 25
경력 1122

고용형태
비정규직 87
정규직 1093

주요 모집 직종

기업금융	138
JAVA	137
서비스기획운영	128
IT기술지원	125
금융영업	115

카카오뱅크는 일자리위원회가 주관하는 '2020년도 대한민국 일자리 유공표창'을 받았다고 23일 밝혔다. 카카오뱅크는 금융과 정보기술(IT) 일자리 창출, 가족 친화적 기업문화 조성 등에 대한 공로를 인정받았다. 지난 2017년 7월 서비스 개시 당시 328명이었던 직접고용 인원은 이달 현재 915명으로 늘어났다. 지난해 흑자 전환한 뒤 올해 코로나19 확산에도 전체 16.4%(129명)가 순증가한 규모다.[6]
카카오 면접시 경험에 대한 질문이 많기 때문에 서류스펙보다는 현장 경험이 중요하다. 어떤 경험을 했는지와 그 경험이 어떻게 도움이 되는지에 대한 질문이 있기 때문에 그런 점에서 아르바이트는 큰 도움이 될 것이다.

---

6) '일자리 유공표창' 받은 카카오뱅크, 내년 세자릿수 채용, Kaze, 2020

다. 카카오페이

1) 기업소개

2017년에 설립된 카카오페이는 전자지급결제대행, 선불전자지급수단 발행 및 관리, 전자상거래 등 금융 지원 서비스업을 영위하는 기업이다. 카카오톡 내에 신용카드나 체크카드를 등록하여 모바일 상에서 간단하게 비밀번호만으로 결제할 수 있도록 하는 모바일 결제 서비스를 운영하고 있다.

출시 이후 6개월여 만에 가입자수 400만을 돌파하였으며, 출시 1년 만에 결제 건수 1,000만 건을 돌파했다. 카카오페이 사용이 가능한 가맹점은 대형 홈쇼핑, 대형 문고, 인터넷 쇼핑몰, 항공사 등을 포함한 270여 개 업체에 이르고 있다. 다양한 제휴사의 포인트 적립 및 쿠폰 사용이 가능하도록 하는 카카오페이 멤버십 기능도 추가되었다.

카카오페이는 기존 사업영역에서 나아가 보험, 증권업을 아우르는 종합금융플랫폼으로 도약하는데 주력하고 있다. 카카오톡, 카카오페이를 통한 간편 가입, 플랫폼을 통한 간편 청구, AI를 활용한 신속한 보험금 지급 심사 등 소비자 편의성 강화를 경쟁력으로 앞세운 상태다.

2022년 카카오페이는 디지털손해보험사 본인가를 획득하며 본격적인 보험사 출범 준비에 돌입했다. 여행자보험, 펫 보험, 휴대전화파손보험 등 미니보험을 중심으로 초기 상품 라인업을 구성할 예정이며 카카오톡·카카오모빌리티·카카오커머스 등 카카오 계열사들의 서비스와 연계된 보험 상품도 고려 중이다.[7]

---

7) catch.co.kr / 카카오페이 기업개요

2) 채용공고 소개

서비스 공통정책 및 프로세스 기획 담당자 영입	**지원자격** - 모바일 서비스 기획/운영 경력이 5년 이상인 분 - 사용자 중심의 서비스플로우 및 관리를 위한 어드민 설계가 가능한 분 - 자기주도적으로 업무를 진행하고 논리적으로 커뮤니케이션할 수 있는 분 - 기획/개발/컴플라이언스 등 다양한 부서와의 협업이 뛰어난 분 **업무내용** - 이용약관/동의서 정책/UX/어드민 기획 및 개선 - 전사 관점에서 관리가 필요한 운영정책 수립 - 사용자의 이용편의 제공과 보호, 전사 서비스부서의 업무효율화 **우대사항** - 금융, 결제, 커머스 등 다양한 서비스 기획 경험이 있는 분 - 전자금융거래법 및 관계법령을 기반으로한 서비스 운영 경험이 있는 분 - 호기심과 다양한 서비스에 관심이 많으신 분 **전형절차** - 서류전형 > 1차 인터뷰 > 2차 인터뷰 > 최종 합격
결제 서비스 서버 개발자 영입	**지원자격** - 개발 경력 7년 이상, 전산 관련학과 학사이상 또는 동일한 자격을 보유하신 분 - Java/Kotlin 개발언어 활용 능력을 보유하신 분 - Spring 등 프레임워크 활용 능력이 있으신 분 - RDBMS 기반의 웹어플리케이션 모델링/개발/튜닝 능력이 있으신 분 - OOP 와 Functional Programming 기반의 소프트웨어 디자인/개발 능력이 있으신 분 - 다양한 분야의 사람과의 협업 능력이 원활하신 분 - 논리적이고 체계적인 문제해결 능력 및 커뮤니케이션 능력이 있으신 분 **업무내용** - 카카오페이 결제 서비스 설계/개발/운영 - 대용량 트랜잭션 데이터 처리를 위한 결제 시스템 설계 및 구현 **우대사항** - Micro Service Architecture를 이해하고 있고 서비스 설계 및 운영

	경험을 보유하신 분 - Docker, Kubernetes 환경에 대한 경험이 있으신 분 - Secure Coding 및 보안, 암호학 관련 개발 경험을 보유하신 분 - Kafka, Webflux등을 활용한 비동기 개발 경험을 갖고 계신 분 - 대용량 트래픽을 처리하는 시스템 개발/운영 경험이 있으신 분 **전형절차** - 서류전형 > 사전과제 전형 > 1차 인터뷰 > 2차 인터뷰 > 최종 합격
비즈니스 데이터 분석가 (Business Data Analyst)	**지원자격** - 경력 3년 이상의 데이터 분석 업무 경험을 보유하신 분 - 데이터 기반 서비스 개선 및 성장에 기여한 경험이 있으신 분 - 문제 해결을 위한 가설 수립 및 검증이 가능하고, 이를 쉽고 논리적으로 설명 가능하신 분 - SQL을 활용한 데이터 추출 및 가공이 가능하신 분 - R 또는 Python을 활용한 데이터 분석 및 리포팅이 가능하신 분 - 다양한 직군의 실무자 및 경영진에 맞는 데이터적 커뮤니케이션이 가능하신 분 **우대사항** - 앱로그 데이터 분석경험이 있으신 분 - 테크핀 비즈니스와 관련된 산업에서 다양한 데이터를 다뤄보신 분 - A/B테스트 설계 및 결과 분석 경험이 있으신 분 - 통계, 산업공학 등 데이터 관련 전공을 하신 분 - 수행하신 데이터 분석 업무 포트폴리오를 제출해주신 분 **업무내용** - KPI 및 주요 지표 정의, 대시보드 생성 - 지표 모니터링 및 증감에 따른 원인 분석 - 마이데이터 연결자 증대를 위한 타겟 정교화 및 서비스 릴리즈 후 결과 분석 - 프로덕트 성장을 위한 실험 설계 및 결과 분석 **전형절차** - 서류전형 > 사전과제 전형 > 1차 인터뷰 > 2차 인터뷰 > 최종 합격
머니서비스 iOS개발자	**지원자격** - 3년 이상의 iOS 개발 경력을 가지신 분 - Swift 언어와 UIKit에 대한 높은 이해도를 가지신 분 - Memory Management, Concurrency Programming에 대한 높은 이해도를 가지신 분 **우대사항**

	- SwiftUI, Combine, async-await 등 애플 순정 프레임워크에 대한 이해도가 높으신 분 - 오픈소스보다는 애플 프레임워크를 사용하는 것을 선호하시는 분 - 단위 테스트가 가능한 코드 설계를 위해 노력하시는 분 - 많은 사용자가 쓰는 대규모 서비스 개발 경험이 있으신 분 - UIKit 기반으로 다양한 Custom UI 를 만들어 본 경험이 있으신 분 - iOS 개발 트렌드에 대한 관심을 가지고 있으신 분 - 모듈화 작업에 경험이 있으신 분 - 능동적으로 일하는 자세와 실행 능력을 가지신 분 **업무내용** - 카카오페이머니, 카카오톡 친구 송금 등 머니 서비스 기능 설계 및 개발 - 카카오톡과 카카오페이앱 두 개의 대규모 프로젝트에서 사용하는 공통 기능 모듈화 개발 **전형절차** - 서류전형 > 사전과제 전형 > 1차 인터뷰 > 2차 인터뷰 > 최종 합격
UI 개발자 영입	**업무내용** - 자산관리 서비스 및 프로모션 UI 개발 **지원자격** - 실무 UI개발 경력 3년 이상이신 분 - HTML, CSS, Javascript에 대한 이해를 보유하신 분 - 웹 표준, 웹 접근성을 고려한 UI 개발 경험이 있으신 분 - S.P.A 프레임워크 기반 UI 개발 경험이 있으신 분 - 디자인 시스템에 대한 이해가 있으신 분 **우대사항** - 새로운 것에 도전하는 것을 즐기시는 분 - Mobile App 내 Web View UI개발 경험이 있으신 분 - 성능을 고려한 다양한 웹 애니메이션 개발 경험이 있으신 분 - 디자이너, 개발자와의 협업에서 주도적인 역할을 해 보신 분 **전형절차** - 서류전형 > 사전과제 전형 > 1차 인터뷰 > 2차 인터뷰 > 최종 합격
온라인결제 영업 담당자 영입	**업무내용** - 카카오페이 온라인 결제 국내, 해외 가맹점 영업 - 카카오페이로 이용 가능한 국내, 해외 온라인 가맹점을 확대하는 역할 - 가맹점 입장에서 어려움을 같이 해결하고, 커뮤니케이션 하는 역할 - 카카오페이를 다양한 곳에서, 더욱 편리하게 이용할 수 있도록 새로운

	시장을 찾는 역할
	지원자격 - PG, 간편결제 서비스 등 결제 관련 국내, 해외 가맹점 영업 5년 이상 경력 소유 하신 분 - 온라인 커머스 기업에서 결제 서비스 제휴 업무를 담당 하신 분 - 신규 시장 개척 등 업무 경험이 있으신 분 **우대사항** - 국내, 해외 온라인 가맹점 계약, 관리, 이슈 해결 경험이 있으신 분 - 영어 커뮤니케이션 가능 하신 분 - 주도적으로 영업 전략을 수립하고 실행 가능하신 분 - 능동적으로 신규 가맹점 영업이 가능 하신 분 **전형절차** 서류전형 > 1차 인터뷰 > 2차 인터뷰 > 최종 합격
송금서비스 업무지원 및 운영업무 담당자 영입	**업무내용** - 마케팅 배너 지면 및 사용자 메시지 발송/운영 업무 - 마케팅 배너 트래픽 데이터 관리 및 성과분석 리포팅 - 제휴사 계약관리 및 수수료 정산 - CS 및 VOC 모니터링 및 이슈 발굴 **지원자격** - Excel 등 office 활용이 능숙하신 분 - 프로모션 데이터 추출 및 검증 후 리포트까지 마무리할 수 있는 성실하고 책임감 강하신 분 - 다양한 구성원/고객과의 원활한 커뮤니케이션 역량을 보유하신 분 - 긍정적이고 성실한 성격을 소유하신 분 **우대사항** - 모바일 금융/핀테크/플랫폼 서비스 운영 및 활성화 마케팅 경력이 있으신 분 **전형절차** - 서류전형 > 1차 인터뷰 > 2차 인터뷰 > 최종 합격

3) 전형방법

- "채용공고 소개" 확인 (직군마다 상이)

4) 채용관련 팁
가) 채용현황[8]

신입/경력 채용현황

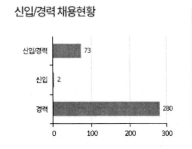

고용형태

주요 모집 직종

JAVA	49
서비스기획운영	45
플랫폼(VM)	39
IT기술지원	32
사업기획	29

최근재직자 현황

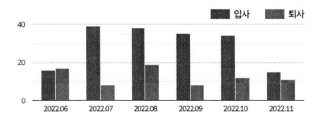

총 인원 1,066명

ⓘ 정보제공 : 국민연금공단

　카카오페이는 검증 안된 공채보다 검증된 인턴을 더 선호한다고 한다. 실제로 회사엔 공채보다는 인턴출신 디자이너나 개발자들이 더 많다고 하니 인턴에 지원하는 것을 추천한다. 또한 경력이나 학력보다는 본인이 경험한 프로젝트나 기술셋(어떤 기술을 사용했는지)을 상세히 보여주는 것이 중요하다.[9] 따라서 일반적인 스펙을 쌓기보다는 코딩실력과 경험을 쌓는 것이 카카오페이 취업에 있어서 유리하다.

---

8) 인크루트 / 카카오페이 채용공고
9) '수퍼맨보다 어벤저스 되라' 판교 인사팀 취직 팁 대방출, 2019, 김○○기자

라. KG이니시스

1) 기업소개

KG이니시스는 전자지불결제대행업(PG)을 주 사업으로 영위하고 있는 인터넷 핀테크 기업이다. 당사는 쇼핑몰 등 인터넷상에서 지불결제가 필요한 업체에게 지불결제시스템을 구축해 주고 지불승인과 매입, 대금정산 등의 업무를 지원하는 서비스를 통해 사업을 전개하고 있다.

KG이니시스는 전 거래 에스크로를 통한 안전거래를 제공하며 PG(전자지불결제대행)업계 최초 스마트폰 모바일 결제 서비스를 제공하고 있다. 국내뿐만 아니라 각 국가별 현지 화폐 지불 결제 연동 해외 가맹점들 대상 원화 결제 서비스를 제공하며 마스터카드, global collect, 사이버 소스, 알리페이 등 글로벌 선두 Payment 기업과 사업 제휴를 맺고 있다. 또한 국내 PG3사 최초로 알리페이, 위챗페이, 텐페이 결제 서비스를 제공한다. 경쟁사로 NHN한국사이버결제, 토스페이먼츠가 있다.

당사는 2022년 암호화폐 사업을 본격화하기 위해 특수목적법인을 통해 자회사를 설립했다. 신규 사업의 첫단계로 암호화폐를 발행한다. 대중적이고 안전한 암호화폐 결제 서비스를 시작으로 자체 생태계 구축을 목적으로 연내 핵심 기술 개발을 완료하고 서비스를 선보일 예정이다.10)

---

10) catch.co.kr / kg이니시스 기업개요

2) 채용공고 소개

모집분야	담당업무 및 자격요건
대회협력마케팅팀 팀장급	[담당업무] - 카드사, 은행, 개별 가맹점 마케팅 업무 협의, 프로모션 기획 - 카드사별, 은행별 원가 관리 및 협의 - 가맹점별 원가 수수료 관리, 업종무이자, 분담부이자 등 협의 - 대외 기관 대관 업무 수행 [자격요건] - 경력 : 5년 이상 (팀장급) - 카드사, e커머스, 핀테크, VAN 유관 경력자 [우대사항] - PG사, VAN사, 카드사 등 유관업무 경력자 - 금융기관 연계 서비스 운영 및 제휴 영업, 기획자 우대
결제서비스 모니터링 신입 및 경력 채용	[담당업무] - 결제서비스 모니터링 업무 - 장애 발생시 상황 전파 - 데일리 Batch Job 진행 - 주/야 4조 2교대 근무 * 입사 3개월간 정착지원금 지급 * [자격조건] - 경력 : 신입 및 경력 - 학력 : 고졸 이상 [우대사항] - 유관업무 경험자 - 컴퓨터 관련 전공, 리눅스 자격증 보유자 - 장기근속 가능자
JAVA 기반 개발 경력직 채용	**단체 급식 시스템 프로젝트 PM** [담당업무] - 개발 로드맵 수립 및 품질 리딩 - 프로젝트 분석/기획/관리 등 프로젝트 리딩 [자격요건] - 경력 : 8년 이상 - 파견근무 가능자(서울 중구 or 과천) - SI/SM 사업 수행 경험자 - 산출물 관리와 커뮤니케이션 능력 우수한 분

	[우대사항]
	- Java 기반의 웹서비스 개발 경력이 있는 분
	- MSSQL 2019 사용 경험이 있는 분
	- REST API 개발 경험이 있는 분
	- NodeJS 및 ReactJS 기반 웹개발 경험이 있는 분
	- 긍정적인 마인드를 소유하신 분
	- 자기계발에 적극적인 분
	단체 급식 시스템 프로젝트 개발 PL
	[담당업무]
	- 단체 급식 시스템 개발/운영
	- 개발 로드맵 수립 및 품질 리딩
	[자격요건]
	- 경력 : 2년 ~ 10년
	- Java 기반의 웹서비스 개발 경력이 있는 분
	- REST API 개발 경험이 있는 분
	- NodeJS 및 ReactJS 기반 웹개발 경험이 있는 분
	- MSSQL 2019 사용 경험이 있는 분
	- 파견근무 가능자(서울 중구 or 과천)
	[우대사항]
	- CSS, javascript 에 대한 개발경험이 있으신 분
	- 긍정적인 마인드를 소유하신 분
	- 의사소통이 원활하신 분
	- 자기계발에 적극적인 분
	- SI/SM 사업 수행 경험자
사업개발실 국내영업(신입/경력) 정규직 공개채용	[담당업무]
	- 주요 파트너사 Needs 파악 및 Payments 서비스 기획, 제휴
	- 카드사, 은행, 간편결제사 등 금융사와 제휴사 간 연계 및 제휴 업무
	- 신규 성장 영역 및 새로운 파트너사 발굴
	[자격요건]
	- 경력 : 신입 및 경력
	- 학력 : 대졸 이상(4년제 이상)
	- 해외 여행에 결격사유가 없는 자
	- 23년 졸업 예정자 또는 기 졸업한 사람 중 근무 가능한 자
	[우대사항]
	- 마케팅 관련 기획/제휴 경력자
	- 온라인 사업 관련 경력자

3) 전형방법

STEP 01
서류전형

STEP 02
1차면접

STEP 03
2차면접

STEP 04
최종합격

4) 채용관련 팁

kg이니시스 임원면접 질문으로 '금융의 종류에 대해서 말해보시오.', '대부업에 대해서 어떻게 생각하는가?' 라는 질문과 '우리회사 공시자료에서 특징을 이야기 해보시오' 라는 질문이 나왔다고 하니 it뿐만이 아니라 금융 관련 지식과 회사의 사업 자료에 대해 확실히 익히고 가는 것이 면접에 도움이 될 것이다.

인재상	KG이니시스는 창조적으로 협력하는 최고의 인재들과 미래를 향해 끊임없이 학습하고 성장하는 사람들이 모여있는 곳입니다. **학습인 Self-Development** : 자신의 담당분야 최고의 전문가가 되기 위하여 꾸준히 학습하는 인재 **조직인 Teamwork** : 타인과의 협조를 통해 조직의 목표를 달성하고 자발적으로 솔선수범하는 인성을 갖춘 인재 **창조인 Creative/Passion** : 기존의 방식이나 사고에 얽매이지 않고 늘 새로운 변화를 모색하고 도전하는 창의적으로 열정적인 인재 **미래인 Leadership** : 조직의 인재양성 및 신뢰구축을 도모하여 미래를 선도할 수 있는 리더십을 갖춘 인재 성취인 Performance : 어려운 문제에 봉착하였을 때에도 이를 유연하게 대처하여 조직의 목표를 달성하는 완결성과 결단성을 갖춘 인재
핵심가치	"상상을 일상으로" 모두가 꿈꿔온 커머스, KG이니시스가 현실로 만들어갑니다.

마. ㈜비바리퍼블리카

1) 기업소개

비바리퍼블리카는 2013년 설립된 전자금융회사이다. 2015년 토스(Toss)를 통한 간편송금 서비스를 시작으로 신용등급조회, 토스인증서, 소비관리 등 이용자 친화적인 금융 서비스가 연이어 히트하면서 2021년 3월 기준 누적 사용자 1800만명을 기록했다. 서비스 출시 3년 만에 테크핀 첫 유니콘 기업에 오르기도 하였다. 현재 자회사 토스보험, 토스준비법인, 토스페이먼츠, 비바퍼블리카베트남과 관계사 인포텍코퍼, 한국전자인증을 둔 비바퍼블리카는 40여 가지 금융서비스를 제공하고 있다. 2020년 매출이 전년 대비 230% 증가한 3898억 원을 기록하는 등 폭발적인 성장을 지속하고 있는 토스는 2021년 증권사(토스증권)과 인터넷은행(토스뱅크)를 출범하면서 기업의 정체성을 종합금융사로 확장했다.

2021년 본격적으로 성장한 '비바리퍼블리카 베트남'이 현지에서 300만 월간 활성 이용자를 확보하고 2022년 최근 토스 애플리케이션을 통한 신용카드 발급과 소액대출 서비스를 시작했다. 인도네시아와 말레이시아, 태국, 필리핀, 인도 등 5개 동남아 국가에 토스 앱을 출시하고 초기 이용자 확보에 나서 사업확장에 힘쓰고 있다.[11]

2) 채용공고 소개

CSS Modeler (주니어 / 3년 이하)	**팀 소개** - 토스뱅크의 CSS Modeler는 리스크 디비전 내 신용모형팀에 소속 - 토스뱅크의 위험관리와 여신심사에 주요하게 활용되는 신용평가 모형을 개발하고 관리하는 업무를 수행 - Risk Manager, Data Analyst, Data Scientist, Data Engineer, ML Engineer와 긴밀하게 협력하며 혁신적인 신용평가를 위한 다양한 시도들을 할 수 있음. **지원자격** - 금융/은행권에서 3년 이하 경험을 가진 분 - 개인 또는 개인사업자의 신용평가모형(CSS) 직접 개발이나 정형

---

11) catch.co.kr / 비바리퍼블리카 기업개요

	데이터를 이용한 모델링 경험이 있으신 분 - 데이터 및 머신러닝에 대한 수학적 이해와 전문적인 통계 지식이 있으신 분 **업무내용** - 신용위험 관리를 위한 다양한 신용평가모형을 개발하고 운용함으로써, 토스뱅크만의 유연하고 혁신적인 신용평가 시스템을 구축 - 신용평가모형 안정화 및 고도화를 위해 지속적으로 모니터링하고 리스크를 관리 - 금융/비금융 데이터를 분석하고 새로운 모델링 기술들을 신용평가에 적용할 수 있는 방안을 연구
Finance Manager(내부회계)	**팀 소개** - Finance Manager (내부회계) 포지션은 토스 Finance Division에 소속 - 현재 토스의 FInance Division은 총 5개의 팀으로 구성 (Financial Planning & Analysis, Accounting, Financial Reporting, Treasury, Financial Systems팀) - Accounting팀 내에서 내부회계관리제도 설계 및 운영을 고도화할 예정 - 내부감사팀과 긴밀한 협업 진행 **지원자격** - 5년 이상의 내부회계관리제도 유관경험이 있으신 분 - 내부회계관리제도를 처음부터 Set-up 해보신 경험이 있으신 분 - 감사수준의 내부회계관리제도를 설계 및 운영해보신 분 - 환경 변화에 빠르게 대응하는 토스의 조직 문화에 적극적이고 유연하게 대처가 가능한 분 **업무내용** - 토스에 적합한 별도 및 연결 내부회계관리제도 ELC (Entity level control), PLC(Process level control)를 설계하고, 직접 운영 - 내부회계관리제도 용역팀의 산출물을 관리하고 회사와 감사인의 평가일정을 조율 - 내부회계관리제도에 대한 외부감사에 대응하고 운영실태 평가 및 보고에 필요한 업무를 지원
Ri나 Monitoring Specialist (STR)	**팀 소개** - Risk Monitoring Specialist(STR) 리스크팀에 속해 있음 - 토스페이먼츠의 Risk Management Team은 독립적인 조직으로

	토스페이먼츠를 둘러싼 리스크 전반에 대해서 측정하고 관리하는 역할을 맡고 있다. - 가맹점으로부터 발생되는 리스크 관리를 위해 계약 위반, 제한 상품 판매 등의 위험요소들을 조기에 발견하고 조치하고 있다. - 모니터링 과정에서 확인된 위험 요소들을 정책으로 만들고, 탐지 룰로서 정의하는 과정에서 데이터팀 및 가맹점 온보딩을 담당하는 MO팀과 자주 협업한다. **지원자격** - 꼼꼼하신 분 - 반복적인 업무에도 자기주도적으로 업무를 수행하여 업무 프로세스를 재정의해본 경험이 있으신 분 - 금융권 업무 경험 최소 1년 이상 - STR 업무에 대한 이해도가 있으신 분 **업무내용** - 토스페이먼츠 온라인/오프라인에서 발생하는 거래에 대해 모니터링하고 의심거래 보고서를 작성하는 업무를 담당 - 의심거래를 면밀하게 조사하고, 거래를 탐지하는 룰을 운영하고 관리하는 업무를 담당
Risk Manager	**팀 소개** - 토스페이먼츠의 Risk 팀은 경쟁력있는 입점심사정책 수립 - 전사적 뷰를 볼 때는 주로 Business Development Team, Legal, Compliance 팀과 주로 협업 - 외부로는 카드사, 금감원, 보증보험사들과 협업 - 리스크팀은 3~10년 경력의 금융권/스타트업 경험의 다양한 멤버들로 구성 **지원자격** - 리스크 관리, 신사업 검토, 사업전략 관련 업무에 대한 경험 보유자 - 토스페이먼츠의 Risk Management 체계를 잡고 주도적으로 실행할 수 있으신 분 - 가맹점, 산업 그리고 정부 규제로부터 발생하는 여러 가지 위협 요소들을 정의하고 그에 따른 리스크 관리 체계를 수립해 보신 분 - PG/VAN/간편결제/핀테크/카드사/금융사 Risk Management 업무에 대한 경험이 있는 분 - 리스크 관리를 위한 정책을 직접 수립해본 경험이 있는 분 - 정량적 분석이 가능한 수학/통계 등의 지식이나 SQL 기반의 데

	이터 분석 경험이 있는 분 **업무내용** - 토스페이먼츠의 여러 리스크 관리 정책들을 운영하고 더 나은 지점에 대해 고민 - 가맹점 상황, 정부 규제 및 시장 상황 등을 종합하여 다양한 위협에 대비하기 위한 정책 수립 - 이커머스 시장에서 지금까지 진출하지 않았던 새로운 산업에 대한 기회를 인식하고, 이에 따른 리스크를 정의 - 가맹점의 리스크(한도, 담보 징수, 대형 민원)를 관리하고 이슈를 처리함으로써, 가맹점의 지속 가능한 성장 환경을 구축
IT Admin (Helpdesk)	**팀 소개** - 토스증권의 IT Admin은 Security Team에 속함. - IT Admin은 사용자에게 발생한 어려움이나 문제를 누구보다 빠르게 파악하고 팀 내 보안 엔지니어나 Infra Team의 엔지니어들과 함께 문제를 해결하며 IT를 어려워하는 팀원들에게 가장 쉬운 방법으로 IT를 안내하는 역할도 하고 있다. - IT Admin은 동료들에게 최고의 업무 환경을 제공하는 것을 목표로 하고 있다. **지원자격** - 각종 전산 환경(PC, 복합기, 네트워크 환경 등)을 관리해본 경험이 있는 분 - 다양한 업무 환경에서 발생하는 IT관련 이슈에 대한 지원을 해보신 분이 필요 - Windows와 Mac OS에 대한 이해를 가진 분이 필요 - 다양한 팀과 원활한 협업을 위해 탁월한 커뮤니케이션 능력이 갖춘 분이 필요 - 빠르게 변화하는 환경에서 다양한 업무를 경험해 보는 것을 즐기는 분 - IT H/W 및 S/W 자산을 구매/관리 해 본 경험이 있는 분 환영 - SaaS 형태의 소프트웨어(Slack, Notion, Jira, Confluence 등)의 운영 경험이 있는 분
IT 기획(예산 관리) 담당자	**업무내용** - IT 예산 계획 및 실적 관리 - IT 예산 현황 정기 리뷰 - IT 구매에 대한 예산 협의 및 기안 업무 - IT 예산 비용 정산 및 마감 업무 - 자회사 비용 관리

지원자격
- IT 기획 예산 관리 업무 경험이 있으신 분
- 업무 프로세스에 대한 효율화가 가능하신 분
- 원활한 커뮤니케이션 및 업무진행시 꼼꼼하신 분

우대사항
- IT 기획 예산 관리 업무 경험 2년이상 있으신 분
- Excel 등 Office 활용 능력 있으신 분

전형절차
- 서류전형 / 1차 인터뷰 / 2차 인터뷰 / 최종합격

3) 전형방법

서류 접수 > 직무 인터뷰 > 문화적합성 인터뷰 > 처우 협의 > 최종 합격 및 입사

4) 채용관련 팁

토스공식블로그인 '토스피드'라는 사이트에 접속하면 토스 직원들의 인터뷰, 토스관련 채용 이슈와 부서 채용에 도움되는 팁들이 마련 되어 있으니 비바리퍼블리카에 취업을 준비하는 사람이라면 토스피드를 활용하여 면접 및 서류를 준비하는 것이 채용에 유리하게 작용할 것이다.

가) 채용현황

신입/경력 채용현황
- 신입/경력 617
- 신입 3
- 경력 1791

고용형태
- 비정규직 251
- 정규직 2160

주요 모집 직종
전략기획	284
기업금융	263
사업기획	263
금융영업	235
경영기획	224

최근재직자 현황

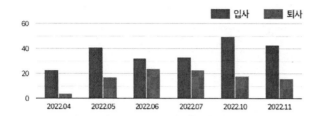

총 인원 824명

ⓘ 정보제공 : 국민연금공단

나) 참고내용

주요 서비스	토스페이먼츠 / 토스인슈어런스 / 토스증권
핵심가치	고객중심(Customer Centric) / 탁월함(Excellence) / 책임감(Integrity) / 상호존중(Respect) / 사명감(Mission driven Mindset)

바. 고위드

1) 기업소개

gowid

고위드는 인공지능, 블록체인 기술에 금융을 적용하여 주가를 예측하는 로봇 어드바이저, 안전한 금융생태계를 구축하는 기업이다. 현재 진출하는 분야는 차세대 금융테크놀로지, 로봇어드바이저, 금융플랫폼 그리고 암호화폐이다. 파트너로는 신한은행, 우리은행, 현대카드 등 우리나라 주요 금융업체들과 파트너십을 맺고 있다. 고위드는 사명을 두차례 변경하였는데 옐로금융그룹에서 데일리금융그룹으로 데일리 금융그룹에서 현재 고위드로 사명을 변경하였다.

최근에는 스타트업 기업 대상으로 법인카드를 발급하는 신사업을 추진하고 있다. 고위드는 자체 개발한 대안신용평가 모델로 실시간 잔고 평가, 미래 현금흐름을 예측해 법인 공인인증서, 주주명부파일, 대표자 휴대폰 인증 등의 간단한 인증 절차만 거치면 비대면 법인카드 발급 서비스를 제공한다. 불필요한 서류 제출이나 연대보증, 질권 설정 없이 평균 15분 이내 온라인으로 법인카드를 신청할 수 있다.

이번 프로세스 개편을 통해 법인카드 발급 심사 기준을 대폭 완화했다. 최소 잔고 5000만원 보유 시에만 카드 한도가 산출되는 발급 기준을 완화하고, 최소 잔고가 미달되는 스타트업이라도 특별 심사 제도를 통해 내부 심사를 거쳐 한도 재심사를 받을 수 있는 서비스를 제공한다. 또한 고위드는 프로세스 개편을 통해 카드 발급 시간을 단축하고, 편리하고 효율적인 UI/UX 개선, 친숙한 금융 용어 사용 등으로 처음 법인카드를 신청하는 고객도 큰 어려움없이 신청할 수 있게 했다. 이 외에도 카드 플레이트 디자인을 개편하고 고위드 신한카드에 교통카드 기능을 추가해 편의성을 높였다.[12]

---

12)고위드, 스타트업 법인카드 발급 프로세스 개편 / 테크월드뉴스(https://www.epnc.co.kr)

2) 채용공고 소개[13]

모집분야	모집 구분	상세내용
QA 엔지니어	정규직	[담당업무] - 고위드 서비스 전반의 품질 기준 정립, 관리 및 개선 제안 - TestCase 설계/일정수립 및 TestCase 리뷰 - 서비스 기획서 리뷰 및 피드백 - QA 전략 수립, 수행, 결과 보고 - 지속적인 QA 프로세스 점검 및 개선 활동 [자격요건] - IT service QA 경력이 만 2년 이상이신 분 - 1개 이상 Test Framework 사용에 어려움이 없으신 분 - TestCase 계획, 설계, 작성이 가능하신 분 - 품질 프로세스 구축 및 개선 경험이 있으신 분 - 서비스 품질 수준을 구체화하고 측정 및 리포트 생성이 가능하신 분 [우대사항] - 협업 구성원들과의 효율적이고 유연한 커뮤니케이션을 할 수 있으신 분 - 성실하고 꼼꼼한 업무처리 능력을 보유하신 분 - Python, Java 등 개발 경험이 있으신 분 - 금융업 관련 서비스에 경험이 있으신 분 - QA 자격증을 보유하신 분 (ISTQB, CSTS) - E2E 테스트 자동화 구축 경험
UI/UX 디자이너	정규직	[담당 업무] - 디자인 직군 리드로서, 디자인 및 협업과 관련한 팀 매니징 - 타 부서와의 협업으로 밀접하게 커뮤니케이션하여 프로덕트에 좋은 UI/UX를 적용하는 데에 기여 - 효율적이고 빠른 스타트업 환경에 맞는 금융 경험 설계 - 유저들의 정량적 & 정성적 데이터를 통한 인사이트 도출 및 지속적인 UI/UX 개선 [자격요건] - 5년 이상의 Product 또는 UX Designer의 경험을 보유하신 분

---

13) gowid 홈페이지 (GOWID Careers)

		- 비즈니스 니즈에 대해 끝까지 파헤쳐 핵심을 파악할 수 있는 분 - Figma, Zeplin, Adobe CC 등 디자인 툴 활용 능력을 보유하신 분 - 기획자, 엔지니어, 마케터 등 여러 이해 관계자와 능동적이고 유연한 소통이 가능하신 분 [우대 사항] - IT스타트업을 경험하신 분 - Product Design 프로젝트 리딩 경험이 있으신 분 - B2B 제품(센터, 어드민, 백오피스) 디자인 경험이 있으신 분 - 구조적인 UI설계로 개발의 효율을 높일 수 있는 역량을 보유하신 분 - 제품의 초기 기획부터 구축, 운영까지 Full-Cycle을 경험하신 분 - 프로덕트 전반에 걸쳐 적용될 디자인 시스템을 세세한 부분까지 구축했던 경험이 있으신 분 - 금융 관련 카테고리를 경험하신 분
프로덕트 기획	정규직	[담당 업무] - 고위드 법인카드 발급 및 관리 경험 최적화 위한 고객 경험 설계 - 검증된 신규 스타트업 맞춤형 비즈니스 모델의 제품화 - 기획, 디자인, 개발 등 전반적인 프로젝트 일정 관리 - 서비스 개선을 위한 지표 관리 및 분석 - 경쟁사 및 유저 리서치를 통한 문제점 발굴 및 개선 [자격 요건] - 5년 이상 IT 서비스 기획 경력을 가지신 분(B2B/B2C) - 문제 해결을 위해 업무 영역을 구분하지 않고 주도적으로 나서고자 하는 분 - 높은 개방성을 기반으로 팀원들과 문제 해결을 위한 치열한 토론이 가능하신 분 [우대 사항] - 핀테크 기업 또는 IT 스타트업에서 서비스 기획 경험이 있으신 분 - 서비스 초기 기획부터 배포 후 관리까지 모든 서비스 사이클을 경험해보신 분 - 서비스 지표 및 지속적 관리 프로세스를 설계하고 적용해보신 분

IT 서비스 기획 및 전략	정규직	[담당 업무] - 제품팀 소속 기획자와 별개로 CTO 전속 기획자로 활약 - 서비스 화면 설계 - 서비스 전략 구상 [자격 요건] - 공격적인, 주도적인 자세로 업무를 진행하시는 분 - 서비스 화면 설계 경험 2년 이상이신 분 [우대 사항] - IT 스타트업을 1년 이상 경험하신 분 - 서비스를 1개 이상 출시 및 운영 해보신 분 - Figma를 사용하여 디자인 업무가 가능하신 분 - 핀테크 업에 대한 이해도가 높으신 분
인사 총무 담당자	정규직	[담당 업무] - 사무실 환경관리 및 운영 - 자산·소모품·라이센스·비품 구매 및 관리 - HR 업무 서포트 - 기타 경영 지원 및 행정 업무 [자격 요건] - 5년 이내의 유관 업무 또는 그에 응하는 업무 경험자 - IT 하드웨어, 소프트웨어 등에 대한 전문지식 및 전반적인 이해도가 높으신 분 - 긍정적이고 적극적인 커뮤니케이션 역량을 보유하신 분 - 성장하는 비즈니스 환경에 빠르게 적응하고 다양한 역할 수행이 가능한 분 [우대 사항] - 스타트업에서 GA 업무 경험 있는 분 - Slack, Google Workspace, Notion 등의 사용 환경이 익숙하거나 경험하신 분 - 컴퓨터 활용 능력 우수자

3) 전형방법

서류접수 > 실무 면접(또는 기술) > 임원 면접 > 처우 협상 및 최종 합격

4) 취업관련 팁

가) 채용현황[14]

채용 History

18회의 채용 중
정규직 채용은 14회입니다.

최근 3년 기준

사원수

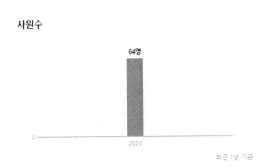

최근 1년 기준

나) 참고내용

인재상	• 자기 분야에서 최고를 추구하는 사람 • 어려움을 이겨내며 목표를 향해 달려갈 의지가 있는 사람 • 열린 마음을 가지고 주도적으로 문제를 해결하려고 하는 사람 • 명확한 자기 기준과 책임감을 갖고 업무에 임하는 사람
비전	데이터로 금융을 바꾸고 혁신기업의 성장을 돕습니다. 고위드는 데이터로 금융을 바꾼다는 비전을 가진 B2B 핀테크 스타트업 입니다. 더 많은 스타트업들이 세상에 혁신을 가져올 수 있도록, 고위드는 성장에 필요한 금융을 제공하고자 합니다. 플렉스, 채널코퍼레이션, 업스테이지, 힐링페이퍼 등을 포함한 3,000개 이상의 국내 주요 스타트업들이 이미 고위드 법인카드 고객이 되었습니다.

---

14) 잡코리아 고위드 기업정보

2 핀테크 관련 기업 취업을 위해 꼭 알아야 할 용어와 이슈

2. 핀테크 관련 기업 취업을 위해 꼭 알아야 할 용어와 이슈

가. 핀테크란 무엇인가?[15]

금융(Finance) + 기술(Technology)

'핀테크(Fintech)'는 '금융(Finance)'과 '기술(Technology)'의 합성어로, 구체적으로는 정보기술을 이용하여 금융거래의 구조, 제공방식, 기법 등에 있어서 새로운 형태의 금융서비스를 의미한다.

이때, 핀테크에서 기술이란 정보기술(IT)로, 다양한 신기술은 온라인 개인자산 관리, 크라우드 펀딩 등과 같은 핀테크 서비스를 창출하고 있으며, 스마트폰 산업의 발전에 따른 모바일 결제, 모바일 송금 등 다양한 분야도 활성화 되고 있다.

핀테크는 서비스의 성격과 유형 등에 따라 Traditional(전통적) 핀테크와 Emergent(신흥) 핀테크로 구분된다.

- Tranditional Fintech : 금융회사의 업무를 지원하는 IT서비스, 정보기술솔루션, 금융소프트웨어 등을 의미한다.

- Emergent Fintech : 크라우드 펀딩, 인터넷전문은행, 송금서비스 등 기존 서비스를 대체하는 새로운 금융서비스이다.

핀테크를 큰 개념으로 보면 1980년대 은행들의 금융전산화를 시작으로 PC통신 뱅킹, 인터넷 뱅킹, 스마트폰 뱅킹 등이 모두 포함된다고 볼 수 있다. 실제 이러한 변화가 있을 때 마다 금융소비자들의 편의성이 높아져왔다.

그런데 최근 유독 핀테크란 단어가 자주 일컬어지고 있다. 이는 이전의 금융 IT 서비스는 금융 회사 특히 은행을 중심으로 오프라인 지점의 중요성이 계속 강조되어 왔던 반면, 최근 핀테크로 일컬어지는 글로벌 금융환경은 스마트폰을 매개로 하여 플랫폼 업체와 인터넷 기업들이 직접 금융 업무를 할 수 있는 상황으로 점차 변화하고 있기 때문이다. 이러한 환경변화는 금융 산업의 변화를 촉진하는 시발점이 되고 있다. 또한, 코로나로 인한 언택트 환경은 핀테크의 발전을 더욱 가속화시켰다.

---

15) 핀테크, 변화의 서막인가? 찻잔 속의 태풍인가?/교보증권

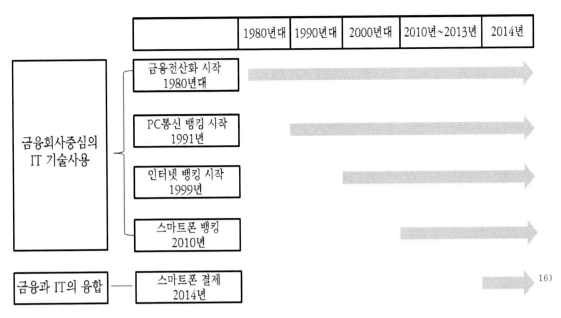

	1980년대	1990년대	2000년대	2010년~2013년	2014년

[그림 1] 과거 한국금융거래방식의 변화 추이

핀테크의 활성화로 금융회사는 온라인 은행/증권 서비스, 모바일 은행/증권 서비스 등 IT기반의 서비스가 확대될 수 있게 되었고, IT기업의 경우 독자적으로 또는 금융기관과의 제휴를 통해 전자결제, 송금, 자산관리 등의 금융서비스를 확대할 수 있게 되었다.

이를 채널별로 볼 때 금융회사들은 기존의 오프라인 채널에서 온라인채널을 통해 모바일채널로 관심을 높이고 있고, 기존에 온라인채널에서 금융서비스 뿌리를 내렸던 비금융 회사들은 모바일채널과 오프라인채널로 동시에 역량을 집중하고 있다.

[표 1] 핀테크 활성화에 따른 금융권 판도 변화

	오프라인채널	온라인채널	모바일채널	비고
금융회사				• 오프라인에서 온라인을 통해 모바일로 진화
비금융 회사				• 새로운 시장 진출자들 : 결재, 여수신, 송금 등 • 기존의 온라인에서 오프라인과 모바일로 동시에 확대

전통적인 금융기관들은 오프라인 점포를 통한 고객 상담 및 강력한 보안시스템, 제도권 기관들과의 데이터베이스 연계에 기반 한 신용평가 등을 통해 금융서비스에 필수적인 접근성, 보안 및 신뢰성을 확보해 왔다.

---

16) 교보증권
17) KT, 교보증권

반면 핀테크 기업들은 기본적으로 혁신적인 아이디어와 첨단기술을 결합해 기존의 금융거래 방식과는 차별화된 새로운 형태의 금융 비즈니스모델을 표방하고 있다.

핀테크의 강점은 스마트폰 위주의 모바일 단말기에 기반으로 한 서비스, 빅데이터 분석을 통한 재무관리 및 신용리스크 평가 등을 통해 기존 금융기관보다 현저히 낮은 비용으로 서비스를 제공할 수 있다는 점이다. 현재 결제·송금분야에서 핀테크 서비스가 가장 활발하며, 일부국가는 인터넷은행, 자금투자 등 금융본연의 업무까지 확대중이다.[18]

---

18) 금융산업 지각변동 초래할 '핀테크(Fintech)'···어떤 종목이 뜨나?/한국경제tv

나. 핀테크 등장배경[19]

[표 2] 핀테크의 등장 배경

이슈	내용
금융위기	금융위기 이후 영업이익이 급감하면서 기존 금융 상품과 서비스의 한계를 절감하고 새로운 성장 동력으로 핀테크를 주목
모바일 기술	많은 상업 거래가 모바일로 전환됨에 따라 스마트폰을 이용한 금융 거래 수요 증가
화폐 개념의 변화	물리적 실체를 교환하던 것에서 전자 데이터 상의 수치를 전송하는 것으로 화폐 개념이 변화
빅데이터	빅데이터 기술의 발전으로 데이터 처리가 불가능했던 금융 데이터를 활용한 새로운 비즈니스 모델 모색
개별화 금융 서비스 요구	금융 상품의 복잡도가 증가하면서 금융 소비자 개인에게 최적화된 서비스에 대한 요구가 증대하고 빅데이터 기술로 이를 해결하려는 움직임이 등장
금융 규제 완화	선진국에서 먼저 핀테크 서비스가 등장하자 국내도 핀테크 규제 완화 추진
금융 생산성 향상	정보통신기술을 이용해서 저비용 실시간으로 서비스 제공 가능
금융 롱테일	기존의 금융 서비스에서 소외되었던 소액 금융과 소액 대출에 대한 서비스 가능
데이터 수익 창출	광고나 3자에 대한 데이터 판매 등을 통해 수익 창출 가능
금융사기 예방	금융 데이터에 대한 보호가 중요해짐
금융 인프라 교체	P2P 네트워크나 비트코인 등 기존의 금융 인프라 외의 새로운 인프라 등장
금융기관 이탈	P2P 대출 등 새로운 금융 서비스의 등장으로 기존의 금융기관의 비즈니스 모델을 파괴하거나 기존 소비자의 금융 기관 이탈을 촉발

---

19) 핀테크 시장 최근 동향과 시사점/ 정보통신기술진흥센터

다. 핀테크 발전배경[20][21]

본 장에서는 핀테크가 현재의 핀테크로 성장할 수 있었던 배경에 대해서 살펴보고자 한다. 핀테크의 발전배경은 크게 4가지로 나누어 살펴볼 수 있다.

첫째, 핀테크의 발전은 ICT 발전과 모바일의 급속한 확산에 기인한다.

SNS, 클라우드컴퓨팅, 빅데이터, IoT, 증강현실 등 첨단 ICT의 발전과 모바일의 급속한 확산으로 금융소비자들은 수준 높은 금융정보에 접근이 가능해졌다. 과거에는 온라인이라 해도 물건을 사려면 집이든 직장이든 PC앞에 앉아야 했다. 그러나 이젠 손안의 모바일만 이용하면 하루 24시간 언제 어디서나 물건을 살 수 있다. 즉, 스마트폰 모바일의 편리함과 시장 확장성이 그만큼 크다는 얘기다. 모바일 소비시장이 이처럼 커져 모바일 결제송금 수요가 늘어나게 되었고 당연히 핀테크에 대한 관심도 높아질 수밖에 없는 상황이 만들어 졌다.

둘째, 핀테크의 발전은 핀테크의 급속한 기술혁신 속도와 금융소비자의 라이프 패턴 변화에 기인한다.

밀레니엄 세대를 중심으로 모바일 중심의 소비 행태 변화와 함께 전자상거래가 폭발적으로 증가했다. 이로인해 금융소비자의 선택권과 주도권이 강화되었다. 업계에 따르면 스마트폰을 사용하기 시작한 지난 10여 년간 핀테크의 기술 혁신이 두드러졌으며, 분야도 모바일결제, 송금에서 신용분석, 대출, 자산운용에 이르기까지 다양해졌다. 그 결과 핀테크 소비자들은 거래 비용을 줄이고 원스톱서비스로 유용한 정보도 훨씬 많이 얻을 수 있게 됐다. 특히 소셜네트워크서비스(SNS)와 빅데이터의 활용은 고객 수요와 신용분석에서 금융기관이상의 정확성을 보여주고 있다.

셋째, 핀테크의 발전은 글로벌 금융위기 이후 대안금융의 모색에 기인한다.

2008년 미국발 서브프라임 모기지 부실 사태 이후 기존 금융기관에 대한 신뢰도가 하락하였고, 기존 금융기관의 수익성도 하락하여 새로운 성장 모멘텀을 찾기 위해 대안금융이 모색되기 시작했다. 이 당시, 미국과 유럽은 서브프라임 모기지(비우량 주택담보대출)의 부실화와 재정위기가 왔었다. 현재, 미국경제가 회복되고 있다곤 하지만 여전히 사상초유의 금융완화 이후 이전 금융시스템으로 돌아갈 수 있을지는 의문이다. 유럽 또한 은행들의 스트레스 테스트 결과 건전성, 안정성 등 합격기준을 얻은 곳이 별로 없다. 즉, 국제결제은행(BIS) 기준만으론 성장통화를 공급하기 어렵다는 얘기다. 결국 혁신적 금융기법을 활용한 수익모델 창출이 필요한데 그 대안 가운데 하나가 핀테크로 떠오르게 되었고, 이는 핀테크의 발전을 이끌었다고 할 수 있다.

넷째, 핀테크의 발전은 각국 정부의 전폭적인 지원과 규제 해제에 기인한다.

각국 정부는 핀테크 기업을 새로운 일자리 창출과 성장 동력으로 인식하고 스타트업 육성을 위해 핀테크 관련 규제를 적극적으로 개선하고 있다. 글로벌 IT기업들의 치열한 경쟁 때문에 이들 금융과 IT가 결합된 모바일금융 시장이 확장되고 있다. 중국은 일찍이 신용카드 사회를

---

20) [정유신의 핀테크] 핀테크 확대의 배경/ 즈니스 라인-비트허브
21) 핀테크의 발전 배경과 주요 동향/ 보통신정책연구원

건너뛰면서 직불 형태의 금융서비스가 보편화돼 있었으며 편리성과 안정성을 바탕으로 중국 핀테크 산업은 급속도로 발전하여 현재 세계 최대 핀테크 시장이 되었다.

라. 핀테크의 진화[22][23]

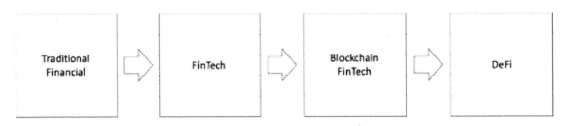

[그림 2] IT기술이 활용된 금융서비스 변천

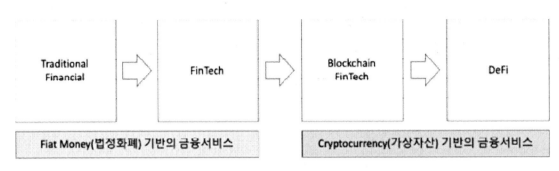

[그림 3] 활용자산을 구분으로 본 금융서비스

핀테크는 전통금융에 클라우드, 빅데이터, 인공지능 기술과 IT를 결합한 지능화 금융으로 현재 4단계에 걸쳐 진화하고 있다.

1단계 핀테크는 영업점의 대면 거래에서 ATM, ARS, HTS 등으로 전환한 '금융거래 방식의 혁신'으로 정의할 수 있다.

2단계 핀테크는 인터넷 전문은행(카카오뱅크, 케이뱅크), 간편결제 사업자(토스, 카카오페이, 제로페이, 네이버페이), P2P금융(테라펀딩, 렌딧, FUNDA, Kickstarter 등), 로보어드바이져(AIM, QARA 등) 등 '새로운금융사업자의 탄생' 즉 테크핀(TechFin) 단계로 정의할 수 있다.
3단계 핀테크에서는 탈중앙화의 블록체인 기술과 새로운 지급 결제 수단인 가상자산과 법정화폐 활용에 기반한 '블록체인 핀테크' 이다. 2021년 3월 특정금융정보법의 시행에 따라 법정화폐외에 가상자산이 새로운 지급 결제 수단으로 기능하기 시작함으로써 블록체인에 기반한 가상자산과 법정화폐를 동시에 사용하는 3단계 핀테크가 열리게된 것이다.

2단계와 3단계 핀테크에서는 지능화된 초연결 기술이 활용되면서 새로운 금융사업자의 탄생과 가상자산을 도입하였지만, 여전히 법정화폐를 사용하고 있다.

4단계 핀테크는 가상자산만 사용하는 블록체인금융으로 '디파이(DeFi)'로 명명한다. DeFi 이전단계는 어떠한 형태로든 법정화폐를 사용하는 것에 반해, 4단계 DeFi에서는 100% 가상자

---

22) 블록체인 금융을 위한 통합교육과정 설계/기업경영연구 제28권 제5호
23) 블록체인 기반 혁신금융 생태계 연구보고서/과학기술정보통신부

산으로만 이루어지는 금융서비스를 구현하게 된다.

3단계 블록체인 핀테크가 법정화폐와 가상자산을 동시에 사용한다는 점에서 디지털 화폐를 이용한 핀테크의 현주소라고 한다면, 가상자산만으로 이뤄지는 DeFi는 앞으로 구현될 금융혁신이라 할 수 있다.

핀테크와 블록체인 핀테크를 구분 짓는 가장 큰 경계는 기존의 법정화폐를 기반으로 하느냐, 가상자산(또는 디지털화폐)과 연계하느냐에 달려있다. 디파이(DeFi)의 경우는 오로지 가상자산만을 기반으로 작동하는 금융서비스이다.

1) 1차 핀테크 : Fintech

IT 기술을 활용한 혁신금융의 경계선을 정하기는 쉽지 않지만 인터넷을 필두로 하여 모바일 기술의 발전, 인공지능, 클라우드, 빅데이터 기술의 발전으로 기존의 금융기관에서 편리성 증대와, 비용 절감, 생산성 향상 등을 가져온 결과물을 1차 핀테크라고 정의할 수 있다. 즉, 주도권이 금융기관에 있던 시절을 말한다.

1차 핀테크 시대를 한마디로 이야기하면 '금융 거래 방식의 혁신'이라고 표현할 수 있다. 중요한 것은 1차 핀테크는 항상 관련 법령의 제·개정 등 제도적 뒷받침 속에서 발전해왔다는 것이다.

2) 2차 핀테크 : Techfin

2차 핀테크는 ICT(Information and Communications Technologies, 정통통신기술)기술을 기반으로 한 금융기관이 아닌 ICT 기술기업 중심으로 새로운 형태의 금융서비스가 출현한 본격적인 핀테크 시대로 볼 수 있다. 2차 핀테크 시대를 한마디로 표현하면 '새로운 금융사업자의 탄생'이라고 말할 수 있다. 지점이 필요 없는 인터넷은행이 출현하였고, 간편결제 사업자의 출현은 모바일 금융서비스를 가속화 시켰으며, 대출의 콘셉트를 투자시장으로 바꾼 P2P금융의 출현은 매우 혁신적이다. 심지어는 인공지능 기술의 발전으로 금융서비스 자체를 100% 기계에 의존하는 사업자까지 나타났다. 중요한 것은 새로운 금융사업자의 탄생을 가져온 2차 핀테크 역시 튼튼한 제도적 장치와 함께 활성화된 것이다.

3) 3차 핀테크 : Blockchain fintech

1차 핀테크와 2차 핀테크가 금융거래방식을 바꾸고 심지어 새로운 금융사업자가 탄생하였지만 중요한 것은 모두 법정화폐를 중심으로 하고 있다. 하지만 3차 핀테크부터 새로운 실험과 도전에 직면하였다. 이는 바로 가상자산의 탄생과 활용이다. 13년의 역사를 가지고 있는 가상자산이 2020년 3월 24일 특정금융정보법에 최초 명시되면서 이제 법률적 기반에 한걸음 다가갔다. 3차 핀테크 시대를 한마디로 표현하면 '새로운 지급결제수단의 등장'이라고 하겠다. 즉, 종전까지 거의 유일한 지급결제수단이었던 법정화폐 외에 가상자산이 새로운 지급결제수단으로 기능하기 시작했다.

4) 4차 핀테크 : 디파이(DeFi)

3차 핀테크는 아직 무르익지 않았다. 아니 더 정확히는 이제 막 시작된 새로운 시도이다. 그런데 혁신금융에 또 다른 변화가 벌써 생겼다. 3차 핀테크와는 다른 양상이다. 4차 핀테크는 3차 핀테크와 동일하게 가상자산을 기반으로 하고 있지만 3차 핀테크인 블록체인 핀테크는 현실의 금융서비스와 다소 연관이 되어 있다. 페이팔, 비자 등 기존 금융에서의 지급결제사업자가 가상자산을 지급결제수단으로 도입하는 것과 비슷한 경우다.

하지만 4차 핀테크라고 명명한 디파이는 현실 화폐 및 금융 경제와 연결되지 않고 블록체인 네트워크상에서 그 자체로 금융서비스를 창출하였다. 아직 제도화되지 않았고 다소 실험적 상황이기에 금융서비스라 칭하기에 무리가 있을 수 있지만, 디파이는 말 그대로 탈중앙화 금융을 표방하며 빠른 속도로 시장을 형성하고 있다. 4차 핀테크인 디파이를 그래서 한마디로 표현하면 '새로운 금융의 탄생' 이라 할 수 있겠다.

마. 디파이(DeFi)[24]

1) 디파이(DeFi) 개요

디파이는 탈중앙화를 뜻하는 'decentralize'와 금융을 의미하는 'finance'의 합성어로, '탈중앙화 금융 시스템'을 일컫는다. 즉, 오픈소스 소프트웨어와 분산된 네트워크를 통해 정부나 기업 등 중앙기관의 통제를 받지 않는 금융 생태계를 말한다.

디파이는 금융 시스템에서 중개자 역할을 하는 은행, 증권사, 카드사 등이 필요하지 않아 은행 계좌나 신용카드가 없어도 인터넷 연결만 가능하면 블록체인 기술로 예금은 물론이고 결제, 보험, 투자 등의 다양한 금융 서비스를 이용할 수 있다. 이는 기존 금융 시스템을 블록체인 기반의 서비스나 암호화폐로 대체하려는 움직임으로 자산 토큰화(tokenization), 스테이블 코인(stable coin, 비변동성 암호화폐), 탈중앙화 거래소(DEX, 중개인이 없이 자산을 P2P 방식으로 관리하는 분산화된 자산 거래소) 등이 대표적인 디파이 서비스 모델로 꼽힌다.

디파이는 투자자에게 투명성을 제공해 건전한 금융 시스템을 만들고, 금융 서비스 진입 장벽을 낮추는 역할을 할 수 있다. 또 중개인을 제거해 거래 비용을 절감할 수 있으며, 금융 상품 간의 상호 작용으로 각종 금융 시스템이 구축될 가능성이 높다. 반면 보안사고 등이 발생했을 때 책임을 질 주체가 없어 문제가 된다.[25]

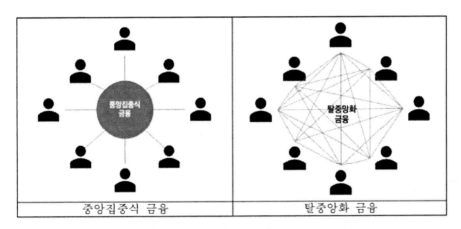

[그림 4] 중앙집중식 금융과 탈중앙화 금융

그런데 단순히 탈중앙화를 했다는 것만으로 디파이(DeFi)를 정의하기에는 부족한점이 있기에 우선 중앙집중식과 탈중앙화 금융 간의 차이를 살펴보도록 한다.

---

24) 블록체인 기반 혁신금융 생태계 연구보고서/과학기술정보통신부
25) [네이버 지식백과] 디파이

속성	중앙집중식 금융	탈중앙화 금융
신뢰	중앙이 100% 보증	모든 참여자가 상호 신뢰

[그림 5] 중앙집중식 금융과 탈중앙화 금융

가장 첫 번째는 신뢰를 보증하는 방식이다. 예를 들어 이용자가 은행에 예금을 하는 경우 우리는 은행에 그 돈이 있을 것으로 믿는다. 더 정확하게는 은행에서 운영하는 전산 시스템에 이용자가 예금했다는 증표인 전자적 기록을 믿는 것이다. 우리는 이를 확인하기 위해 통장의 기록을 확인하거나 모바일 기기 등을 통해 은행 전산 시스템의 기록 상태를 언제든 확인할 수 있다.

그런데 탈중앙화 금융에서는 이를 보증하는 중앙기관이 없다. 따라서 이용자들 서로가 신뢰할 수 있는 체계가 필요하다. 탈중앙화 금융이 블록체인 네트워크를 기반으로 하는 근본적인 이유가 여기에 있다.

디파이에서 주목해야 할 가장 중요한 것이 있다. 블록체인 기반 위에 동작하고 스마트계약을 활용하여 신뢰성 높은 탈중앙화를 이룬 것은 맞지만 중요한 것은 결국 금융 서비스란 것이다.

일반적인 전통 금융서비스는 예·적금 서비스, 대출, 투자, 결제 등 모든 금융서비스의 중심에는 법정화폐(Fiat Money)가 있다. 은행에 법정화폐를 맡겨야 정해진 이자를 받는다. 투자를 위해 상장기업의 주식을 사기 위해서도 법정화폐를 지불 해야 주식을 받을 수 있다. 대출을 받기 위해 부동산 담보나, 신용을 기반으로 법정화폐를 받을 수 있다. 다시 말해 법정화폐가 연계되어 있지 않은 금융 서비스는 없다. 하지만 디파이 금융서비스는 아직까지 법정화폐를 기반으로 한 서비스는 없다. 다시 말해, 디파이 금융서비스는 기본적으로 가상자산(Cryptocurrency)을 기반으로 하고 있다.

[그림 6] 디파이에 대한 상세 정의

2) 디파이(DeFi)와 씨파이(CeFi)

디파이를 정의함에 있어 씨파이(CeFi)와 디파이(DeFi)을 명확하게 구분할 필요가 있다. 먼저 전통 금융(Traditional Finance)과 가상자산을 기반으로 한 금융을 먼저 구분해야 한다. 가상자산은 2020년 3월 24일 "특정 금융거래정보의 보고 및 이용 등에 관한법률(약칭 특정금융정보법)"의 개정으로 법에선 다음과 같이 정의하고 있다.

3. "가상자산"이란 경제적 가치를 지닌 것으로서 전자적으로 거래 또는 이전될 수 있는
   전자적 증표(그에 관한 일체의 권리를 포함한다)를 말한다. 다만, 다음 각 목의 어느
   하나에 해당하는 것은 제외한다.
   가. 화폐·재화·용역 등으로 교환될 수 없는 전자적 증표 또는 그 증표에 관한
      정보로서 발행인이 사용처와 그 용도를 제한한 것
   나.「게임산업진흥에 관한 법률」제32조제1항 제7호에 따른 게임물의￢이용을 통하여
      획득한 유·무형의 결과물
   다.「전자금융거래법」제2조제14호에 따른 선불전자지급수단 및 같은 조제15호에 따른
      전자화폐
   라.「주식·사채 등의 전자등록에 관한 법률」제2조제4호에 따른 전자등록주식 등
   마.「전자어음의 발행 및 유통에 관한 법률」제2조제2호에 따른 전자어음
   바.「상법」제862조에 따른 전자선하증권
   사. 거래의 형태와 특성을 고려하여 대통령령으로 정하는 것

위 정의에 따르면 가상자산은 화폐나 재화, 용역 등으로 교환될 수 있는 전자적 증표이지 그 자체가 화폐로 볼 수 없다. 그에 반면에 전통 금융서비스는 중앙화Centralized)되어 있다는 것을 논하기 전에 그 중심에 법정화폐가 있다는 점이 전통 금융과 가상자산을 기반으로 한 금융서비스의 차이라고 볼 수 있다.

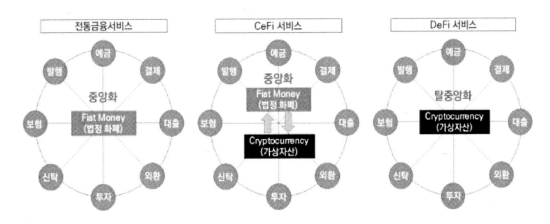

[그림 8] 전통금융, 씨파이, 디파이 서비스의 공존

디파이와 씨파이는 가상자산을 활용한 금융서비스라는 측면에서 공통점이 있다. 그러면 이제부터 디파이와 씨파이의 차이점에 대해서 분석해보자. 먼저 블록체인의 특성을 다시 한 번 짚어보면 모든 이용자가 별도의 중앙기관 없이 서로 상호 간에 완벽히 P2P로 거래를 할 수 있고 모든 거래는 블록 원장에 기록되어 체인으로 연결된다.

예를 들어, 비트코인을 거래하기 위해선 먼저 이용자가 코인을 보관할 수 있는 지갑을 소유

해야 하고, 다른 사람에게 전송할 때는 상대방 지갑주소를 입력하여 전송(Transfer)하기만 하면 된다. 그러면 전송 과정이 비트코인 블록체인 네트워크를 통해 모든 경로가 기록되면서 정해진 지갑주소로 이동하게 된다. 여기서 한 가지 의문이 드는 것은 비트코인을 이더리움 네트워크를 통하여 이더리움 주소가 있는 지갑으로 보낼 수 있는가 하는 것이다. 원래는 불가능했다. 왜냐하면 비트코인 네트워크와 이더리움 네트워크는 상호 분리되어 있기 때문이다. 디파이 금융서비스가 완벽한 탈중앙화를 실현하더라도, 별도의 중개자나 제3자의 개입 없이 비트코인 네트워크상에서 작동하는 가상자산을 이더리움 네트워크상의 주소로 전송하는 것은 불가능하다.

이러한 거래를 교차 체인 거래(Cross-chain exchange)라 하는데 교차 체인 거래는 디파이 서비스에서는 제공할 수 없으며, 대표적인 씨파이 서비스의 한 종류이다. 하지만 최근에는 비트코인을 이더리움 기반으로 토큰화(Tokenized)하는 기술이 발전하여 가능해지고 있다. 비트코인 토큰화란, 특정한 메커니즘에 따라 비트코인을 동결하고, 별도의 블록체인 네트워크에서 비트코인과 동일한 가치의 토큰을 생성하는 것으로 WBTC(175p 참조), renBTC 등이 대표적이다.

또 한 가지 관점은 비트코인을 채굴하거나 누군가로부터 전송받는 경우를 제외하고 최초로 비트코인을 얻기 위해서는 어떻게 해야 할까? 이다. 가장 대표적인 방법은 가상자산 거래소에 회원가입을 하고 신원확인이 완료된 은행계좌에서 법정화폐를 가상자산 거래소 계좌로 이체하여 법정화폐와 비트코인(가상자산)을 교환하는 것이다.

[그림 9] 가상자산 거래소를 통한 법정화폐와 가상자산간 교환

여기서 중요한 것은 가상자산 거래소에 법정화폐를 송금하였을 때 우리는 안전하게 가상자산 거래소에 나의 돈이 보관되어 있을 것이라 믿는다. 또한 나의 개인지갑은 아니지만 가상자산 거래소에서 제공한 비트코인 지갑(주소)에 나의 비트코인이 안전하게 보관되어 있을 것이라 또한 믿는다는 것이다.

우리는 가상자산 거래소가 거래 중개자 또는 일종의 중앙기관이라는 믿음을 가지고 법정화폐와 가상자산을 교환하고 가상자산을 보관하는 것이다. 하지만 완벽하게 탈중앙화된 디파이 거래에서는 이러한 믿음을 제공하는 제3자가 없다. 모든 거래를 완벽하게 일대일(P2P)로 해야하므로 유일하게 믿는 것은 블록체인 기술이다. 가상자산을 보관하는 지갑은 나만이 가지고 있는 지갑이고, 나의 가상자산이 누군가에게 전송되면 블록체인 기술에 의해서 안전하게 전송되었을 것이라고 믿는 것이다. 또한 스마트계약 기술에 의해서 나와 상대방 간에 약속이 정해

지고 변함없으며 안전하게 약속이 이행될 것이라고 믿는 것이다.

씨파이와 디파이를 구분 짓는 가장 큰 요인은 씨파이는 거래를 중개하거나 관리하는 주체(사람 또는 법인)를 믿는 것이고, 디파이는 서비스가 제공되는 기술을 신뢰한다는 것이다.

3) 씨파이(CeFi) 개요

씨파이는 'Centralized Financed' 약자로, 중앙화된 가상자산 금융 서비스를 의미한다. 중앙화된 금융으로 통제하는 기관에 의해서 거래하는 금융시스템으로 대표적으로는 가상자산거래소를 의미하며 넓은 범주로 보면 씨파이 안에 디파이가 있다고 할 수 있다. 최근에는 씨파이 안에서 디파이 상품을 거래할 수 있도록 지원하는 것이 글로벌거래소에서 대중화되고 있다.

우리는 가상자산을 사거나 팔고 싶을 때, 가상자산이 상장되어 있는 거래소를 통해 24시간 365일 언제든 이용을 할 수 있다. 대한민국은 2013년에 최초로 가상자산 거래소가 생겼다. 당시 가상자산 거래소는 가상자산 매매를 중개하는 것 이외에는 부가적인 서비스가 없었다. 가상자산 거래소의 매매 중개 업무는 전통 자본시장에서의 한국거래소(KRX)와 그 기능이 유사했다.

그런데 최근 디파이 서비스의 출현으로 가상자산 거래소 또한 거래소 기능 이외에 은행과 유사하게 가상자산을 예치하면 이자를 지급하거나 가상자산을 담보로 다른 가상자산을 대출하는 서비스가 출시되기 시작하였다.

구분	핀테크	가상자산 기반 금융	
		시파이(CeFi)	디파이(DeFi)
이용 화폐	법정화폐	가상화폐	가상화폐
규제	전자금융거래법	특정금융정보거래법	금융규제 사각지대
관리 주체	중앙화 주체	서비스 제공자	완전 탈중앙화
거래장부	단일 원장	단일원장/분산원장	분산원장
데이터 접근	허가 받은 사용자	등록 사용자	모든 네트워크 참여자
익명성	실명 거래	익명 거래	익명 거래
데이터 저장	중앙화 주체	중앙화 주체	노드 참여자
투명성	불투명	불투명	투명
수익성	안정적 수익	고위험 고수익	고위험 고수익
사례	구글 인앱 결제, 카카오뱅크/페이	바이낸스거래소, 업비트거래소, 빗썸거래소	탈중앙화거래소(DEX), 메이커다오, 컴파운드, 유니스왑 [26]

[그림 10] 핀테크와 가상자산 기반 금융서비스(CeFi와 DeFi)의 차이점 비교

4) 이자농사(Yield Farming)

디파이 시장에서 투자자들에게 가장 주목 받은 것은 이자농사(Yield Farming)다. 이자농사는 디파이 프로토콜에 유동성을 제공하고, 그 대가로 이자를 취득하는 개념이다. 유동성 채굴(Liquidity Mining)과 비슷하다. 유동성 채굴이란 개념은 이전에도 있었다. 그 기원은 한 때 가상자산 시장의 뜨거운 화두였던 채굴형 거래소로 거슬러 올라간다. 당시 후오비(Huobi)는 Fcoin 거래소를 설립하였다. 거래소의 기본 수익은 거래수수료에서 나오기에 얼마나 많은 유저와 거래량을 확보하느냐가 중요한 문제였다. 그래서 Fcoin은 거래소에서 매매하는 보상으로 거래수수료에 해당하는 FT(Fcoin Token)을 참가자에게 지급하였고, 그로 인해 거래량이 급증하여 일 거래량 기준 세계 1위를 기록하였다. 여기서 더 나아가 FT 보유자에게 거래소 수익의 80%를 매일매일 분배하는 정책을 실시했고, 이에 FT 가격이 급등하게 되었다. Fcoin은 FT 보유자들에게 거래소 정책에 대한 의견을 수렴하고 투표할 수 있는 자격을 부여하는 거버넌스 토큰이라고 설명했지만, 투자자들의 관심은 거버넌스가 아닌 FT 가격에 쏠릴 수밖에 없었다. 그러다보니 일부 사용자의 데이터 조작 문제와 이로 인한 과도한 배당 지급으로 인해 자금상황이 악화되었고 결국 Fcoin은 2020년 3월 파산하게 되었다.

이러한 상황이 발생하자 자연스레 투자자들의 관심이 사라졌지만, 최근 디파이의 부상으로 인해 유동성 채굴에 대한 관심이 다시 높아졌다. 그 돌풍 중심엔 컴파운드가 있다. 컴파운드는 모든 이용자에게 이더리움 블록당 0.5개의 COMP 토큰을 배분하는 인센티브 제공 정책을 썼고, 투자자들은 컴파운드에 몰리게 되었다. COMP가 주요 거래소에 상장되기 시작하면서 가격 급증과 투자자금이 몰렸다. 이자농사 또한 채굴형 거래소처럼 많은 논란을 일으키고 있다. 기존의 채굴형 거래소와 다른 것이 없는 투자금을 모으기 위한 수단이라는 비판에 시달리고 있다. 특히 다양한 디파이 플랫폼이 생기면서 많은 거버넌스 토큰이 발행되자 비판의 강도가 세졌다. 조작가능한 채굴형 거래소의 거버넌스 토큰과 달리 조작 없이 시장의 수요와 공급에 의해 거래가 온체인에서 발생한다는 점을 차별화 포인트라고 설명하지만, 아직 논란이 많은 것은 사실이다. 거버넌스 토큰을 활용한 정책 제안, 디파이 서비스 자체를 이용하기보다는 거버넌스 토큰을 얻기 위해 디파이에 자금이 몰리는 것이 나중에는 문제를 초래할 수 있기 때문이다.

5) 디파이(DeFi) 시장의 숙제

디파이 시장은 좋은 취지를 갖고 탄생했다. 불필요한 중개자 없이 누구나 손쉽게 대출, 거래, 투자 등의 금융서비스를 이용할 수 있다. 기존 서비스와 달리 약정기간도 없고, 공인인증서와 같은 것을 사용하지 않기 때문에 시장진입 과정도 단순하다. 가입과 탈퇴도 자유로워 누구나 이용 가능하다는 장점도 있다. 하지만 이렇게 좋은 취지의 디파이도 부작용이 생길 수 있다. 앞서 기술한 이자농사를 비롯한 여러 투자기법에서 과열 조짐이 생기면서 본래의 취지가 훼손될 수 있기 때문이다. 디파이 이전에 가상자산 광풍을 이끌었던 ICO(Initial Coin Offering)도 마찬가지였다. ICO도 취지는 매우 좋았다. 자금을 마련하기 어려운 스타트업, 그리고 투자금을 중간에 회수하기 어려운 투자자들에게는 너무나도 좋은 시스템이었다. 하지만 악용하는 사

---

26) 핀테크와 빅테크를 넘어서는 탈중앙화 금융(DeFi)/과학기술정보통신부

례가 증가하면서 'ICO=사기' 라는 인식이 강해졌고, 결국 좋은 취지와는 달리 부작용만 부각되었다. 결국 비트코인의 광풍이 꺼지면서 ICO의 열기도 함께 식었다.

진입장벽이 너무 높은 점도 해결해야 할 숙제다. 디파이 시장에 진입하기 위해서는 이더리움 지갑인 메타마스크(Metamask, 83p참조) 설치가 필수다. 그러나 메타마스크를 설치해도 사용 방법이 나와 있지 않기에 디파이 서비스를 제공하는 플랫폼과 연동하는데도 어려움을 겪는 사람들이 많을 것이다. 그리고 만약 메타마스크의 비밀번호를 잊어버리기라도 하면, 이를 찾는 것은 불가능에 가깝다. 왜냐하면 디파이는 탈중앙 금융서비스인 만큼, 고객센터가 없기 때문이다. 다시 말해, 디파이가 신용위험은 어느 정도 해소시켰지만, 아직 관리위험이 많이 남아있는 점도 숙제다. 끝으로 국제자금세탁방지기구(FATF)의 가이드라인에 따른 규제도 풀어야 할 숙제다. 우리나라도 특정금융정보법 시행 등 가상자산은 점차 제도권으로 편입되는 움직임을 보이고 있다. 반면 디파이는 기존 금융기관과 달리 고객신원확인(KYC, Know Your Customer) 의무가 없다. 당연히 정부와 국제금융기관의 규제 통제 범위를 벗어나기 때문에 불법적인 자금 흐름에 이용될 수 있다는 우려가 높을 수밖에 없다. 그리고 디파이의 프로토콜은 무허가로 설계되기 때문에 누구든 규제 없이 접근할 수 있다. 따라서 디파이의 규모가 커질수록 각국 규제당국은 디파이에 대한 감시는 커질 수밖에 없고, 이는 디파이 시장의 위축을 불러 올
수도 있다.

6) 금융회사의 디파이 대응전략[27]

디파이 서비스는 기존 금융회사가 진입할만한 시장은 아니며, 금융회사의 디파이 서비스 제공을 제한하는 규제는 존재하지 않는다. 그러나 규제 공백, 낮은 상품 안정성 등 리스트 요인이 크고 이미 중앙화된 시스템을 갖추고 있기 때문에 금융회사의 적극적인 도입은 어려운 상황이다.

디파이의 영향력이 확대될 것에 대비해 금융회사는 블록체인의 장점을 살릴 수 있는 스테이블코인 활용을 확대하고 가장자산 연계 상품 출시, 디파이 상품이나 관련 기업에 대한 투자 등의 전략을 실행할 수 있다.

가격 변동성이 적은 가상자산인 스테이블코인을 자체 발행함으로써 결제·송금·투자 등의 거래 편의성이 개선 될 수 있다. 호주는 달러 연동 스테이블코인을 자체 발행하고 이를 활용해 탄소 거래와 소비새 징수를 가능케 하고, NFT를 구매할 수 있도록 지원한다.

---

27) 탈중앙화금융(DeFi)의 현황과 시사점/우리금융경영연구소

바. 핀테크의 종류

사실, 여기까지 읽은 독자들 중에도 아직 핀테크의 의미가 잘 와닿지 않는 독자들이 많을 것이라 생각된다. 따라서 본 장에서는 현재 독자들의 금융행위를 핀테크와 연결지어 살펴보도록 하자.

1) 디지털 지갑(Digital Wallet)

우리가 돈을 내는 상황을 생각해보자. 우리는 금액을 지불하기 위한 현금이나 카드같은 수단을 꺼내기 위해서 무엇을 준비하는가? 바로 지갑이다. 이러한 지갑이 바로 핀테크에서도 구현되어있다. 이것이 바로 '디지털 지갑'이다.

디지털 지갑은 현실의 지갑과 비슷하게 현금이나 여러 개의 신용카드를 한 곳에 담아 쉽게 사용할 수 있도록 도와주는 서비스이다. 이렇게 들으면 사용하기에 어려운 기술로 생각할 수 있지만, 사실 우리는 벌써 디지털 지갑을 사용하고 있다.

독자들 중에서 삼성페이, 엘지페이, Alipay등을 사용해보았거나, 사용하고 있는 독자들이 있을 것이다. 이러한 기술들이 바로 디지털 지갑이다. 디지털 지갑은 신용카드를 실물로 가지고 다니지 않아도 손쉽게 결제를 할 수 있도록 도와주는 수단으로, 아쉽게도 신용카드를 대체할 수 있는 핀테크 기술은 아니다. 하지만, 카드를 직접 들고 다니거나 매번 번거롭게 꺼내지 않아도 되기 때문에, 최근 널리 사용되고 있고, 이러한 현상에 발맞춰 기존 카드사들도 앱카드와 같은 다양한 서비스를 제공하고 있다.

하지만 한편에서는 디지털지갑에 대한 우려의 의견을 내놓고 있다. 가장 문제가 되는 점은 과거 카드사에서 가지고 있었던 결제 생태계의 주도권이 디지털 지갑으로 넘어간다는 것이다. 이러한 대표적인 예로 중국을 살펴볼 수 있다.

중국은 '동냥도 현금으로 안 받는다'라는 말이 있다. 이처럼 중국의 결제시장은 이미 Alibaba와 Tencent로 양분되어있다. 중국 내의 카드사의 숫자는 이보다 훨씬 더 많지만, 이미 두 디지털지갑을 제공하는 디지털 업체가 고객의 대부분을 보유하고 있으며 이로 인해 발생하는 수익이 어마어마하다고 할 수 있다.

2) Online/Mobile Payment

Paypal, 네이버페이, 카카오페이와 같은 결제수단을 사용해 본 독자들도 있을 것이다. 이러한 수단을 통틀어 Online/Mobile Payment 라고 부른다. 이러한 서비스의 특징은 신용카드를 이용한 거래가 아닌, 현금거래를 쉽게 할 수 있도록 도와주는 서비스라는 것이다.

Online/Mobile Payment는 이처럼 은행계좌에 서비스를 연결하여 결재액이 계좌에서 빠져나가도록 하는 방식을 사용하는 것이다. 최근에는 계좌뿐만 아니라 신용카드와 연결하여 더욱 더 손쉽게 결제를 할 수 있도록 도와주고 있다.

3) 대체 송금 서비스

기존 은행을 통해 타 은행 혹은 동일 은행의 다른 계좌로 송금하는 상황을 생각해보자. 최근 대부분의 구매는 Online/Mobile Payment를 사용하기 때문에, 은행을 이용하여 돈을 송금하는 경우는 구매가 아닌 송금을 목적으로 한다.

대체 송금 서비스는 이를 위한 서비스로, 최근 Toss, TransferWise 등과 같은 서비스가 이를 위한 서비스로 떠오르고 있다. 이러한 서비스의 강점으로는 타 은행으로 송금을 하는 경우 가장 부담이 되었던 수수료 문제를 해결함으로써 좀 더 편리하게 송금 서비스를 이용하도록 하는 것이다.

4) P2P 대출

모르는 사람이 돈을 빌려달라고 하면 과연 몇 명이나 선뜻 돈을 빌려줄 수 있을까? 아마 대부분 빌려주지 않을 것이다. 그렇다면, 만약 모르는 사람이 아닌 신용도가 높고, 직장도 가지고 있어 매우 신뢰가 가는 사람이 돈을 빌려달라고 한다고 생각해보자. 그 사람에게 이자를 받는 조건으로 돈을 빌려달라고 하면 빌려줄 수 있을까? 아마 몇몇 사람들은 고개를 끄덕이며 빌려줄지도 모른다. 하지만 모두가 선뜻 빌려주지는 않을 것이다.

자, 그럼 마지막으로 이자를 받는 조건으로 신뢰가 가는 사람 10,000명에게 10원씩 빌려준다고 생각해보자. 선뜻 빌려줄 수 있을까? 그리고 이때, 돈을 빌려준 사람 10,000명을 관리해주는 업체가 있으며 이자율이 시중 은행보다 높다면 어떨까? 아마 조금 더 많은 사람들이 믿고 돈을 빌려줄 수 있을 것이다.

이러한 개념이 바로 P2P 대출이다. 과거 대출에서 발생하는 이자는 은행의 주요한 수익원이었다. 하지만 최근 핀테크 서비스의 하나인 P2P 대출로 인해 은행의 수익은 줄고 있지만, 담보가 없이 돈을 빌릴 수 있고, 더 높은 이자를 받을 수 있기 때문에 고객들의 만족도는 높다.

5) Crowdfunding

P2P 대출과 비슷하지만, 대출이 아닌 투자를 받는 것이 바로 Crowdfunding이다. Crowdfunding은 다수로부터 투자를 받는 개념으로 발명품이나 책 등을 출시하기 전에 공개하고 일정기간동안 투자자를 모집한다. 투자자들은 시장에 공식적으로 제품이 출시되기 이전에 제품을 저렴하게 받아볼 수 있다는 장점이 있다.

6) 디지털 은행

 디지털 은행은 은행의 모든 역할을 디지털로 운행하는 은행으로, 계좌 개설을 원격으로 진행하고 모든 거래를 은행에 방문하지 않고 할 수 있다. 은행을 운영하기 위한 운영비, 인건비 등이 들어가지 않기 때문에, 비용구조가 우수해서 수수료 등에서 경쟁력을 낮출 수 있다는 장점이 있다.

 디지털 은행이 최근 큰 관심을 받게 된 이유에는 대부분의 은행들이 은행을 직접 방문하지 않고도 거래를 할 수 있도록 은행 어플리케이션을 제공하고 있기 때문에 점점 은행을 방문하는 고객이 줄어들고 있기 때문이다.

7) 로보어드바이저[28]

 로보어드바이저(Rob-oAdvisor)는 로봇(Robot)과 어드바이저(Advisor)의 합성어로 인공지능 프로그램이 PB(Private Banker)이 자산운용가의 역할을 직접 하는 것을 말한다. 알고리즘, 빅데이터 분석 등의 기술에 기반한 개인의 투자 성향 등을 반영하여 자동으로 '포트폴리오를 구성'하고 '리밸런싱(재구성)'하며, '운용'해주는 온라인상의 자산 관리 서비스이다.

 데이터 기반의 객관적인 추천과 낮은 수수료와 편리한 접근성의 장점에 많은 핀테크 업체에서 로보어브자이저 서비스가 판매되고 있다. 현재는 높은 수익률을 보이지는 못한다. 하지만, 로보어브자이저의 특성상 시간이 지나면서 데이터가 쌓이고 이를 바탕으로 더욱 좋은 효과를 보일 것이라 각광받고 있다.

---

28) 로도 어드바이저 완벽 개념정리/뱅크샐러드

사. 핀테크를 활용한 사례[29]

핀테크는 NFC 통신 기술을 기반으로 한다. 초기 핀테크가 핀테크로 불리기 전까지 지불결제 서비스는 NFC 서비스 가운데 하나였다. 핀테크는 모바일 결제 시장의 발전과 금융 서비스에서의 활용 범위가 확산되면서 적용 기술 또한 많아졌다. 핀테크 기술로 받아들인 기술에는 위치 기반 기술에서부터 빅데이터 처리 기술, 머신러닝, 딥러닝 등 수많은 IT 기술이 포함된다. 한 마디로 핀테크는 스마트폰과 금융과의 융합서비스가 수많은 IT 기술들을 통해 이뤄진다.

하지만 핀테크의 기본은 개인화를 기반으로 개인 행동패턴에 따른 위치 기반 O2O(online to offline) 금융서비스를 제공하는 것이다. 그래서 핀테크 기술의 핵심은 통계, 머신러닝, 딥러닝, 복잡계 등 다양한 알고리즘으로 분석하는 것으로 실시간으로 온/오프라인 서비스를 제공할 수 있는 시스템간의 연계가 필수적이다. 이를 위한 핵심 기술로 대두되는 것은 인프라가 되는 모바일 기술과 함께 빅데이터 처리기술과 클라우드 인프라, 인증과 보안, 그리고 자동화다.

핀테크는 사용자 입장에서 원클릭 결제 등으로 아주 간편한 프로세스를 갖고 있어 편의성과 효용성이 매우 높다. 그러나 공급자 입장에서 핀테크 프로세스의 지불결제 시스템과 데이터 흐름은 지불결제 업체에서부터 통신, 금융, 유통 업체에 이르기까지 복잡하게 얽혀있으며, 각 사업자간 공조 협력이 필수적이기 때문에 복잡하다.

핀테크 기술은 특정 IT 기술을 지칭하는 것이 아니다. 스마트폰을 통해 금융서비스를 하기 위해 필요한 여러 가지 문제들을 무선통신, 센서, 빅데이터 분석, 보안과 같은 여러 IT 기술들을 이용해 해결하는 것이다. 그래서 각 핀테크 서비스마다 활용하는 기술들은 각기 다르며, 같은 IT 기술이라도 서비스에 따라 다르게 활용할 수 있다.

1) 페이팔의 지불결제 시스템

[그림 11] 페이팔

페이팔은 전자결제 서비스 플랫폼으로 미국 1위 핀테크 기업이다. 페이팔의 주요 서비스 방식은 구매자와 판매자의 중간에서 중계를 해주는 지불결제 대행서비스로 구매자가 페이팔에 돈을 지불하고 페이팔이 그 돈을 판매자에게 지불하는 형식을 취하고 있다. 페이팔 간편결제는 계정을 만든 후 신용카드 번호나 계좌번호를 저장해 놓고 필요할 때마다 페이팔 로그인만

---

29) http://kixxf.tistory.com/16

으로 결제가 이뤄지는 방식이다. 해외에서 가장 기본적인 결제방식이지만 국내에서 이를 이용하려면 해외 사용이 가능한 비자, 마스터, 아멕스 등 카드를 등록해야 한다.

페이팔이 신용카드 업체에서 제공하는 서비스와 다른 점은 구매자 간에 신용카드 번호나 계좌번호를 알려주지 않고도 안전하게 거래를 할 수 있다는 점이다. 또한 신용카드와는 달리 페이팔 계좌끼리 송금, 수취, 청구할 수도 있다. 페이팔의 모회사인 이베이를 이용할 때는 더욱 간편하게 구성돼 있다.

이베이는 이 서비스를 미국에 한정시키지 않고 해외 사용자들도 적극적으로 이베이를 이용할 수 있는 창구로 페이팔을 활용했다. 이용자 간에 서로 다른 통화를 사용하더라도 페이팔을 이용하면 바로 환전할 수 있기 때문에 서로 다른 국가의 판매자와 구매자들도 페이팔만 이용한다면 통화에 구애받지 않고 자유롭게 거래할 수 있다. 현재 페이팔로 이용할 수 있는 통화는 미국 달려와 유럽의 유로, 인본의 엔, 홍콩 달러, 영국의 파운드 등 총 25개 통화로 결제가 가능하다.

2) 알리페이의 선불결제 시스템

[그림 12] 알리페이

2003년에 출시된 알리페이는 사용자가 온라인 지갑에 미리 돈을 충전한 뒤 결제하는 선불 전자결제 시스템이다. 구매자는 알리페이의 가상 계좌에 돈을 송금한다. 알리페이는 판매자에게 송금 사실을 통보하고, 구매자가 물품을 받고 이상이 없음을 확인한 이후에 판매자에게 약속된 금액을 지급한다. 이 절차가 끝난 후에야 판매자는 자신의 알리바바 계좌에서 송금된 금액을 인출할 수 있다. 이를 통해 알리바바는 중국의 전자상거래 시장에서 가장 문제가 되었던 판매자와 구매자 간 불신 문제를 해결했다.

이 서비스를 통해 알리바바 그룹은 폭발적인 성장을 이뤘으며, 이제는 단순히 전자상거래 결제 서비스 분야 이상의 금융 사업을 확장해 나가고 있다. 알리페이는 돈을 송금할 수 있는 것은 물론 신용카드 대금 결제, 세금 납부, 교통비 결제 등 다양한 서비스를 제공하며 중국인들의 생활 전반을 아우르고 있다. 심지어 사용자들은 알리페이에 남아 있는 잔돈을 금융 상품에 투자하고, 알리페이 계좌를 기반으로 소액 대출까지 받을 수 있다.

현재 중국에서 알리페이는 단순히 중개 서비스 이상인, 대출, 투자 등 금융 관련 업무까지 아우르는 금융업체로의 역할을 수행하고 있다. 최근 지불결제 대행시스템의 경우 이상거래탐

지시스템(FDS)을 도입해 부정사용이 의심되는 거래를 실시간으로 분석하기 때문에 보안성도 한층 강화됐다.

3) 와이즈의 P2P 기반의 송금 시스템

[그림 13] 와이즈

와이즈(Wise)는 2011년 트랜스퍼와이즈(transferwise)라는 사명으로 설립되었으며, 2021년 2월부터 와이즈(Wise)로 사명이 변경되었다. 와이즈는 영국의 대표적인 핀테크 스타트업이다. 2011년 창업한 트랜스퍼와이즈는 은행의 고유 업무 중 하나인 해외 송금과 환전을 핀테크의 영역으로 끌어들였다. 한국에 사는 사람이 미국에서 유학 중인 자녀에게 학비를 부치려면 원화를 달러화로 바꾸는 과정을 거쳐야 하는데, 이 과정에서 환전 수수료가 발생한다. 트랜스퍼와이즈는 기존 은행의 해외 송금 수수료를 10분의 1 수준으로 줄였다. 렌딩클럽과 비슷하게 P2P 매칭을 이용한 결과다.

국내에서 해외에 있는 상대방에서 돈을 송금할 때나 해외 직구를 할 때 대부분 송금 수수료나 해외 결제 수수료가 발생하는데, 보통 사용자들은 환율에 대해서는 민감하지만 수수료에 대해서는 지불해야 하는 세금으로 파악하는 경향이 있다. 이를 통해 은행이나 신용카드 업체들은 해외 송금과 결제에서 쉽게 돈을 벌고 있다.

이에 해외 송금에 대해 P2P 방식을 도입함으로서 송금 수수료를 내려 소비자에게 실질적인 이익을 주는 핀테크 업체가 바로 트랜스퍼와이즈(transferwise)다. 트랜스퍼와이즈는 최대 0.5% 수수료와 이용자 관점에서 최적의 환율 선택을 제공한다. 송금 또는 해외 결제 금액이 커지면 커질수록 수수료가 높아지는 기존 관행도 적용되지 않는다. P2P 방식에 기초한 송금 서비스이기 때문에 단순하고 사용자 중심의 송금 서비스가 가능하다. 같은 지역에서 교환이 된 돈에는 해외 송금 수수료가 발생할 이유가 없으며, 가상으로 환전이 이루어지기 때문에 사용자들은 수수료 없이 송금을 할 수 있다.

이런 서비스가 제대로 운영되기 위해서는 일정한 규모의 임계점을 돌파해야 한다. 각 지역에서 송금을 원하는 사용자가 충분히 존재해야 한다는 것이다. 각 지역에서 임계점을 돌파하거나 사용자가 많으면 많을수록 사용자들은 실제 해외송금 없이 해외송금 서비스를 받을 수 있다. P2P를 기반으로 한 핀테크 분야에는 대출 중개 서비스도 있다. 이는 대출자와 차입자를 직접 중개해 금융거래 비용을 절감하도록 하는 서비스다.

4) 애플 페이의 NFC를 이용한 모바일 결제 서비스

[그림 14] 애플 페이

애플은 아이폰 6를 출시하면서 애플 페이(Apple Pay)를 동시에 선보였다. 애플 페이는 다른 지불결제서비스와 달리 NFC를 이용한 모바일 결제 서비스다. 애플 페이를 이용하기 위해서는 기존의 모바일 결제 방식과 마찬가지로 아이폰의 기본 앱인 패스북에 신용카드나 직불카드의 정보를 추가해야 한다. 그러나 애플은 자사의 결제 방식이 매우 안전하다고 밝혔다. 카드번호 가 스마트폰 기기 자체나 애플의 서버에 저장되는 것이 아니기 때문이다.

애플 페이는 사용자의 카드번호를 등록하는 대신 각각의 카드에 암호화된 고유한 기기 계정 번호를 부과한 후 이를 사용자의 아이폰이나 애플 워치의 안전한 위치에 저장한다. 그리고 각 각의 결제 요청에 대해서는 앞서 설명한 기기 계정 번호를 이용해 일회성의 인증번호를 생성, 확인 절차를 거치는 것으로 결제 작업을 안전하게 처리한다.

갖다 대기만 하면 결제가 되는 것이 NFC의 기본 원리이자 취지다. 그러나 지금까지 업계에 서는 기기 분실, 도난 이후 제 3자의 이용 가능성 등에 대비해 추가적인 신원 인증 절차를 도 입했는데, 이는 NFC의 확산을 저해하는 주요 요인 가운데 하나였다. 수많은 신원 인증 가운 데서도 애플은 지문 인식 시스템을 선택해 사용자들이 추가적인 인증 절차를 거치는 부담스러 움을 손가락만 갖다 대면 가능하도록 만들었다. 이것이 아이폰 5s에서부터 도입한 지문 인식 기술인 터치ID인데, 이번 애플 페이 시스템에서의 신의 한수로 평가된다.

5) 비트코인 금융 시스템

[그림 15] 비트코인

연간 480억 달러 규모의 신용카드 수수료가 신용카드 가맹점에서 은행 또는 신용카드사로 흘러가고 있다. 신용카드 거래 수수료는 핀테크 스타트업을 비롯한 IT 대기업들이 새로운 시장을 만들기 위해 도전하고 있는 분야이다.

이 시장을 차지할 새로운 공략법은 크게 두 가지가 있다. 첫째, 복수의 중개자를 가진 전통 지불체계를 우회할 수 있는 새로운 기술을 도입하는 것이다. 둘째, 이른바 가맹점과 금융권이 수수료 체계에 대해 재협상을 진행하거나 낮은 수수료를 제시하는 새로운 금융기업이 시장을 지배하는 방식이다. 두 번째 방식은 현재 수수료 시장을 붕괴시키지 않으면서 시장을 발전시킬 수 있으므로 전통 금융권이 주로 도전할 분야가 될 것이지만, 첫 번째에는 새로운 기술을 가지고 서비스할 기업이 있어야 한다. 많은 IT 기업들이 이 방식을 구현해 내기 위해 노력하고 있는데요. 그중 하나가 바로 비트코인이다.

비트코인은 전 세계 어느 곳으로 송금해도 수수료가 발생하지 않고, 거래 수수료는 신용카드에 비하면 매우 낮은 수준이다. 특히 소액결제에서 강점을 보이는데, 1천 원 단위의 물품을 결제할 때 수수료가 발생하지 않으므로, 거래 수수료로 들어가던 비용이 고스란히 상인의 몫이 되니 당연히 판매자가 이를 선호할 수밖에 없는 것이다. 게다가 지불 안전성 측면에서 비트코인은 신용카드에 뒤처지지 않는다. 비트코인은 바람직한 (미래)화폐의 구체적인 상을 보여주었을 뿐 아니라, 상거래 주체가 자신들의 이윤이 축소되지 않는 지불수단을 강력하게 희망하고 있음을 확인시켰다.

3

핀테크 산업현황

3. 핀테크 산업 현황[30][31]

대체로 동전 및 지폐를 사용하지 않고 신용카드 등 비현금 지급 수단을 주로 사용하는 사회를 현금 없는 사회라 지칭한다. KB금융지주 경영연구소가 2016년에 낸 보고서에 따르면, 네덜란드, 영국, 벨기에, 캐나다의 경우 비현금 결제 비중이 80%가 넘는다. 해당 국가들은 고액의 현금거래까지 금지하는 추세며, 특히 덴마크와 스웨덴의 경우 2030년까지 현금 없는 사회로의 이행 완료를 국가적 목표로 설정했다.

우리나라 역시 현금 없는 사회라는 거대한 흐름에 합류하고 있다. 2013년도 마스터카드(MasterCard) 자료에 따르면, 우리나라의 비현금 결제 비중은 당해 70%를 넘어섰으며, 2018년 한국은행 조사 결과 당해 가계 지출 중 상품 및 서비스 구입에 대한 현금 결제 비중은 19.8%에 불과했다. 5년 사이에 비현금 결제 비중이 약 80%까지 오른 것이다. 2018년 영국(28%)과 스웨덴(13%)의 현금 결제 비중과 비교했을 때 우리나라의 현금 없는 사회로의 전환은 코앞까지 다가온 수준이다.

간편 결제 시장의 확대는 이런 변화를 더욱 가속화시켰다. 현금 없는 사회는 이미 국내에서 상당 부분 이뤄진 상황이다. 온라인 시장뿐 아니라, O2O* 시장 확대에 따라 오프라인 시장에서도 급속히 현금 없는 사회로 이행이 일어나고 있다. '카카오페이'와 '뱅크샐러드' 등에서 제공하는 간편 송금 기능이나 QR결제와 같은 비현금 결제 수단의 확산이 현금 없는 사회와 궤를 같이 하고 있다.[32]

이처럼 핀테크는 기존의 금융업의 가치사슬을 뒤바꿀 수 있는 혁신의 속성을 보유하고 있다. 또한 접근성이 극대화된 인터넷, 모바일 기반의 플랫폼 산업, 방대하고 다양한 데이터 처리가 가능한 빅데이터 기술 등에 의해 기존의 금융 진입장벽이 완화되고 있는것도 핀테크의 혁신에 한 몫을 하고 있다고 해도 과언이 아니다.

현재 핀테크 서비스는 결제 및 송금, 대출 및 자금조달, 자산관리, 금융 플랫폼 등 다양한 분야에서 전통적인 금융산업을 효율적이고 생산적인 방향으로 선도하고 있다. 지금까지 금융 서비스를 위해서 당연히 존재했던 사람이나 은행뿐만 아니라 심지어 돈이 없어도 되는 핀테크 서비스가 규제 개선에 힘입어 선진국뿐 아니라 후발국에서도 빠르게 도입되고 있다.

특히, 핀테크 혁신으로 스마트폰을 이용한 모바일 금융거래가 빠르게 늘어나면서 전통 채널인 은행 영업점이 위협을 받고 있다. 다시 말해, 스마트폰의 보급과 모바일 쇼핑 활성화에 힘입어 간편결제 시장이 빠르게 성장함에 따라 은행이 독점적으로 처리해 왔던 업무의 지위는 점점 더 약화 되는 추세를 보이는 것이다.

한편, 핀테크의 글로벌 확산과정에서 후발주자로만 치부되고 있던 중국이 큰 주목을 받고 있다. 모바일 결제, 인터넷 전문은행 및 P2P 대출 등 핀테크 분야에서 중국은 글로벌 대표

---

30) 국내외 핀테크 관련 기술 및 정책동향 분석을 통한 연구분야 발굴/KISA
31) 핀테크 시장 최근 동향과 시사점/정보통신기술진흥센터.정해식
32) 현금 없는 사회를 향해: 코앞에 닥친 금융 환경의 변화/대학신문

주자 가운데 하나로 부상했다.

　중국이 이처럼 후발주자에서 급격한 성장을 거쳐 대표 주자로 부상할 수 있었던 배경에는 개방적이고 우호적인 규제환경, 고도로 발전된 인터넷, 전자상거래 비즈니스, 금융취약계층의 엄청난 미충족 금융 수요 등을 들 수 있다.

가. 국내[33)

1) 국내 핀테크 산업 추진현황

최근, 정부의 적극적인 핀테크 육성의지에 따라 핀테크에 대한 금융회사들의 관심과 참여가 증대되고 있으며, 핀테크 산업 육성 전략 등 각종 지원책을 통해 핀테크 산업이 활성화될 것으로 기대된다. 기업은행은 홍채인식을 통한 비대면 인증을 추진하고, 우리은행은 집단지성을 이용한 사기방지 솔루션 개발 착수, BC 카드는 빅데이터와 인공지능을 활용해 소비자의 구매의사를 예측, 마케팅에 활용하는 시스템 개발 중이다.

가) 단계별 추진전략

우리나라는 핀테크 진입장벽을 완화하고 핀테크 생태계 조성단계와 현재 규제 패러다임 전환을 거쳐 Emergent Fintech 활성화 단계에 진입했다.

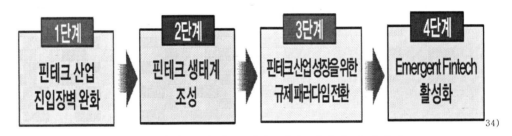
[그림 17] 핀테크 산업 육성을 위한 단계별 추진전략

(1) 1단계 : 핀테크 산업 진입장벽 완화

핀테크 육성을 위한 정책방향을 마련하고, 핀테크 산업 진입의 장애요인의 기본적 보안관련 규제를 대폭 정비한다. IT·금융융합 지원방안을 발표, 매체분리원칙 폐지, 보안프로그램 설치 의무 및 공인인증서 사용의무를 폐지한다.

(2) 2단계 : 핀테크 생태계 조성

1단계에서 진입한 핀테크 기업의 성공적 안착을 위해 핀테크 기업과 금융회사와 정부 간의 상호 소통·협력 채널을 구축한다. 핀테크 지원센터 운영, 지원협의체 출범, 핀테크 기업에 대한 자금지원 확대 등이 있다.

(3) 3단계 : 핀테크 산업 성장을 위한 규제 패러다임 전환

---

33) 국내외 핀테크 산업의 주요 이슈 및 시사점/우리금융경영연구소,
34) 핀테크 산업 활성화를 위한 단계별 추진전략과 향후 과제/금융위원회

창의·혁신을 저해하는 오프라인 위주 규제체계를 재정비하고, 실제 걸림돌이 되어왔던 절차적 보안규제를 철폐한다. 보안성 심의폐지 및 핀테크 기업 책임분담 허용, 모바일카드 발급허용, 비대면 실명확인 허용, 핀테크 기업 출자활성화 등이 있다.

(4) 4단계 : Emergent Fintech 활성화

국민들이 체감하고 편익을 향유할 수 있는 각종 핀테크 서비스를 활성화 하며, 핀테크 기업과 금융회사 간 협력체계를 강화한다. 인터넷 전문은행 도입방안, 빅데이터 활성화 기반, 투자형 크라우드 펀딩, 온라인 보험슈퍼마켓 도입 등이 있다.

나) 핀테크 산업 추진 실적[35]

(1) 핀테크 생태계 조성

2015년 3월 30일 핀테크 기업과 금융회사 간 현장 접점 역할을 수행하며, 상호 연계를 지원할 핀테크 지원센터를 개소하였다. 상담내역으로는 금융회사 연계 25건, 사업성 검토 12건, 법률해석 5건, 자금지원 3건 등 총 54건이다. 제 1차 Demo-day에는 3개 핀테크 업체와 금융회사 간 1:1 멘토링 체결이 완료되었다. 2015년 4월 14일 「핀테크 지원협의체」를 출범하여, 핀테크 기업·금융회사·정부 간 협력채널을 구축하고 핀테크 규제개선 과제를 발굴하였다. 이후 2016 핀테크 Demo Day 행사에서 금융위원회와 금융회사 전문 투자자들이 참석하며 7개의 유망 핀테크 기업의 기술과 서비스 시연이 있다. 바이오 인증, 모바일 기반 서비스 등 차세대 전자정부 인증 추진방향을 발표했고, 핀테크 서비스 개발 지원, 보안 컨설팅 등 핀테크 보안, 인증센터가 2016년 5월에 설립되었다.

[표 3] 핀테크 Demo Day 참가 7개 유망 기업

참여기업	내용
페이콕	모바일 간편 결제 솔루션
파봇(FABOT)	인공지능 로봇 어드바이저 ETF 등을 분석하여 개인별 최적화 포트폴리오를 구성하는 어드바이저
KTB솔루션	통합 보안 인증 서비스 자체적 개발한 IP 역추적 체계를 기반으로 전자거래에서 이용가능한 수기 서명 본인 인증 시스템
디지워크	온라인 보안 인증 서비스 스마트폰 스캔으로 보이지 않는 코드를 인식
지앤넷	인공지능기반의 음성 인식 솔루션으로서 모바일 PC 등에서 텍스트, 음

---

35) 핀테크 산업 활성화를 위한 단계별 추진전략과 향후 과제/금융위원회

	성을 이용하여 서비스 요청 시 인공지능으로 상담 채팅을 진행하는 인공지능 솔루션
패스키테크놀러지	통합 보안 인증 서비스 원터치결제, P2P 결제, 보안 로그인까지 지원하는 통합 보안 인증서비스
직컴퍼니	생활형 융복합 플랫폼 인테리어 업체를 대상으로 자재공급 및 시공 진행상황을 단계별로 관리하여 대금지급 결제를 지원하는 안심결제 서비스

(2) 핀테크 스타트업 지원

핀테크 산업 육성을 위해 핀테크 기업에 적극적 자금 지원을 실시하였다. 산업은행은 2015년 1월부터 5월까지 8개 핀테크 관련 기업에 약 540억 원의 시설 및 운영자금을 지원하였다. 기업은행은 2015년 3월부터 5월까지 50개 기업에 약 276억 원의 자금을 지원하였다. 신한금융그룹은 앞으로 5년간 직접 투자 규모를 250억원으로 확대하고 6000개 투자 유망기업 풀을 조성해 2조1000억원 규모의 혁신 정장 재원을 투입하기로 했다. 하나은행은 스타트업에 20억원을 직접투자했고 60억원의 간접투자를 했다. NH농협은행은 33개 기업에 200억원을 투자, 우리은행은 스타트업 협력 프로그램 '디노랩(디지털 이노베이션 랩)' 출범, KB금융그룹은 스타트업 육성프로그램 운영을 위한 'KB 이노베이션 허브(HUB) 파트너스'를 출범 하는 등 금융권의 스타트업 지원과 육성이 가속화 되고 있는 중이다.[36]

금융위는 2023년 1월 대통령실 업무보고를 통해 새롭게 등장한 가상자산 등 신사업에 대한 구체적인 규율체계를 정비하겠다고 밝혔다. 여기핀테크 기업 지원 정책도 마련됐다. 금융위는 소규모 핀테크 기업을 우선적으로, 내부적으로 발생하는 고질적인 문제를 해결할 수 있도록 종합컨설팅을 비롯해 혁신펀드 등 정책자금 지원 대책을 제공한다.

특히 핀테크 혁신펀드 규모는 5000억원에서 1조원으로 확대하고, 연간 2000억원이 넘는 규모의 정책자금도 공급한다는 방침이다.

아울러 핀테크 기업의 자생력을 위해 D-테스트베드 실효성 제고 등을 통해 지원한다. D-테스트참여기업이 핀테크지원센터의 데이터분석시스템을 상시적으로 사용할 수 있도록 하고, 제공되는 데이터도 비금융 정보를 포함해 분야를 넓히며 핀테크 스타트업을 육성할 예정이다.

한편 금융위는 2023년도 업무계획을 통해 '흔들림 없는 금융안정, 내일을 여는 금융산업'이라는 슬로건을 내세웠다. 이를 통해 확고한 금융시장 안정을 바탕으로 실물 민생경제를 뒷받침하고, 금융산업을 고부가가치 전략 산업으로 육성한다는 비전을 밝히며 12개 정책 과제를 추진하겠다고 밝혔다.[37]

---

36) '핀테크 밸리' 5대 금융이 키웠네/조선일보
37) 금융위, 핀테크· 토큰증권 등 금융 신사업 육성 위한 지원 확대/브릿지경제

(3) 핀테크 활성화 지원

금융감독 당국은 전 세계적으로 빅데이터, AI 등으로 산업구조가 디지털화됨에 따라 한국 금융산업 역시 변화의 중심에 놓인 상황에서 핀테크 산업의 도약을 위해서는 소비자의 신뢰를 얻고 신기술 및 플레이어가 시장에 원활히 유입되어 공정한 경쟁을 통해 혁신을 선도해야 한다고 강조했다.

이를 위해 금융규제 샌드박스를 적극 운영하면서 한국핀테크지원센터와 함께 혁신금융사업자들의 사업을 지원하고 있다. 금융위원회는 올해 8월 열린 금융규제혁신회의에서 금융 샌드박스 제도 개편하여 올 4분기부터 적용 가능하도록 추진중이다. 금융위와 금감원 실무단의 전문성을 보완하고 신속한 심사를 지원하는 '혁신금융 전문가 지원단'을 법률 및 특허전문가로 구성하여 심사체계를 개편한다. 아울러 '책임자 지정제'를 운용해 사업 추진 전 단계에 걸쳐 밀착 지원을 제공하고 아이디어의 사업성을 테스트할 수 있도록 데이터 분석툴 및 멘토링을 제공하도록 한다. 이를 통해 중소 및 예비 핀테크 사업자들의 사업확대를 지원하고 혁신금융 서비스의 내실화를 기대할 수 있을 것으로 보인다.

2022년 8월 금융위원회는 금융분야가 마이데이터 도입, 데이터 결합 활성화 등 빅데이터 기반 AI 활용 활성화가 필요한 분야임을 강조하며 금융분야 인공지능 활용 활성화 방안을 발표하였다. 그중 대표적인 것으로 '금융 AI 데이터 라이브러리'를 구축하여 금융사 등이 양질의 빅데이터를 확보할 수 있도록 지원한다. 현재 가명정보는 데이터셋을 구축해도 재사용 금지 규정으로 대량의 데이터셋 구축이 어렵다. 금융위원회는 라이브러리를 통해 규제 샌드박스의 형태로 데이터 재사용을 허용할 계획이며 개인정보 침해 등의 문제가 발생하지않도록 신용정보원을 중심으로 컨소시엄을 출범할 예정이다. 향후 컨소시엄 참여기관은 라이브러리에 저장된 데이터를 인출 및 재사용이 가능하다. 아울러 '금융 AI테스트베드'를 구축하여 보안위험 등을 사전에 탐지하도록 보안관리 체계를 마련 중에 있다. 신용평가원(신용평가) , 금융결제원(금융사기방지) 등을 통해 다양한 금융분야 AI 테스트가 가능한 검증 데이터 셋 및 테스트 환경 구축을 통해 이루어질 예정이다.

(가) D-테스트베드

2021년 12월 금융위는 디지털금융촉진 및 혁신금융발굴을 위한 D-테스트베드 시범사업을 실시하였다. 2021년 시범사업 결과 관심과 참여가 활발하였으며 참여자의 만족도가 높았으나 제공데이터 부족 및 테스트 이후 사업화 연계 지원 부족에 대한 지적이 있어 이를 보완하여 2022년 정규사업을 실시했다.

금융위원회와 한국핀테크지원센터는 2022년 8월 초기 핀테크아 이디어를 테스트하고 그 효과성을 시험해볼 수 있도록 금융분야 데이터 및 분석 환경 등을 지원 하기 위해 기 업공모를 실시했다. 최대 7대 업권의 금융, 비금융등 2,200여 개 항목의 결합정보 및 기타 데이터를 지원하고, 멘토링 지원 및 타당성 평가 의견서를 제공한다. 개별 금융회사가 제시한 테마 과제에 대하여 해당 금융사와 함께 테스트를 수행하는 '협업과정'을 신설하였다. 2022년 9월부터

12월까지 11주간 진행되어 총 40개 참여자들은 아이디어 구현 및 검증을 수행하며 , 이후 각 우수사례를 선정할 예정이다.

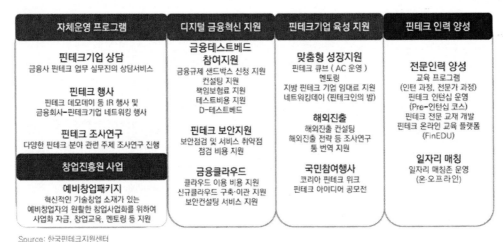

Source: 한국핀테크지원센터

[그림 18] 한국핀테크지원센터 주요기능

(나) 코리아 핀테크 위크

금융위원회와 한국핀테크지원센터에서 2019년부터 개최해 온 코리아핀테크위크가 2022년에도 '핀테크 , 금융의 경계를 허물다'를 주제로 개최하였다. 핀테크 기업과 국내외 주요 투자자를 연계한 투자유치와 스케일업 기회 제공, 대학생, 청년 등을 대상으로 한 취업 멘토링, 주제별 세미나 등이 진행되었다.

이번 박람회는 코로나 19로 온라인으로만 진행했던 작년과 달리 온·오프라인 동시에 진행되었고, 온라인에서는 메타버스로 전시관, 교육관, 체험관 등을 구축해 프로그램을 운영하였다. 100여 개의 금융 및 핀테크 기업들이 약 60개 부스를 열었다.

Source: 금융위원회(2022.09), 'Korea Fintech Week 2022 개막'

[그림 19] 2022 코리아 핀테크 위크 박람회

(다) 금융 클라우드 지원 및 핀테크 보안지원

금융위원회와 한국핀테크지원센터는 중소기업핀테크기업이 클라우드서비스 를 활용하여 아이디어의 서비스화를 돕고 운용 가능하도록 환경을 지원하는 금융클라우드 지원서비스를 제공중이다. 선정기업에 금융클라우드 이용보조금을 지원하고 이관 구축 및 보안컨설팅을 지원한다.

NHN클라우드, 네이버클라우드, 코스콤등이 지원서비스 공급사업자로 선정되어 2022년에도 수요사업자로 선정된 중소핀테크 기업에 클라우드 인프라 및 24시간 기술 지원 등 맞춤형 클라우드를 제공할 예정이다. 금융위원회와 한국핀테크지원센터는 중소핀테크기업들이 증가하는 사이버위협에 효과적으로 대응하고, 혁신적인 핀테크 서비스를 안전하게 제공 가능하도록 금융보안원 등 전문기관을 통한 보안점검을 지원하는 프로그램을 마련했다. 금융테스트베드 참여기업, 오픈뱅킹 이용신청기업 및 마이데이터 참여기업 중 중소기업인 핀테크기업을 대상으로 지원서비스가 제공되며, 선정된 핀테크 기업은 보안 점검 비용의 75%를 지원받을 수 있다.

(라) 핀테크 전문인력양성

한국핀테크지원센터는 맞춤형 핀테크 전문 교육을 운영하여 핀테크 전문 인력을 양성에 노력을 기울이고 있다. 핀테크 스타트업 재직자 및 (예비)창업자의 실무 역량을 강화하는 핀테크전문가과정과 구직자들의 핀테크전문인력화를 위한 핀테크 인턴과정 교육 프로그램을 제공 중이다.

Pre-인턴십, 핀테크 인턴십을 운영하여 금융규제 샌드박스 참여기업 등과의 매칭 프로그램을 통해 3개월간 인턴 실무경험을 쌓게 하고 이중 우수인력을 선별하여 해외 핀테크 행사 참여 또한 지원하고 있다. 이와 더불어, 핀테크 전문인력 양성을 돕기 위한 핀테크 교재 개발, 핀테크 온라인 교육과정 개발, 온라인 교육 플랫폼구축등 세부사업을 추진중이다. 핀테크 전문 온라인 교육 플랫폼 Fin EDU 통해 핀테크 대학연계 과정을 운영하여 핀테크 전문인력의 학점 인증 체계 및 인증자격을 통한 커리어 개발을 지원하고 있으며, 온·오프라인 혼합 플립 러닝(Flipped learning) 방식의 교육 플랫폼의 고도화를 진행 중이다. 핀테크 포털을 통한 채용정보, 인재 정보 매칭 시스템을 구축하여 인재 구인난 및 구인·구직정보 불균형 해소로 핀테크 분야 일자리 창출 기반을 마련하고 있다.

맞춤형 핀테크 교육				
목적	핀테크 스타트업 재직자 및 (예비)창업자의 실무역량을 강화하고, 구직자들의 핀테크 전문인력화를 위한 교육 프로그램 무료 제공			
구분	핀테크 인턴 과정		핀테크 전문가 과정	
교육대상	대학(원) 졸업(예정)자 및 1년 이내 졸업자		핀테크 분야 재직자(금융회사 및 핀테크기업 등 유관기관), (예비)창업자, 구직자 등	
교육시간	2개 코스별 각 250시간 이상		강의별 상이 총 200시간 이상	
교육내용	**핀테크 기획인턴 코스** • (공통) 핀테크 개요, 핀테크 환경분석 등 • (특화) 핀테크 서비스 분석, 핀테크 분야별 특성 이해, 핀테크 비즈니스 기획, UXUI 디자인씽킹, 핀테크 마케팅, 등	**핀테크 개발인턴 코스** • (공통) 핀테크 개요, 핀테크 환경분석 등 • (특화) 핀테크 데이터분석, 핀테크 기술분석, 핀테크 기술사례, 해커톤 개발자 등	**핀테크 전문가 과정(2급,기본)** • 핀테크 동향 및 규제 • 핀테크 서비스 분석 • 핀테크기술 분석 등 모듈별 세부내용	**핀테크 전문가 과정(1급,심화)** • 핀테크 동향 및 규제 • 핀테크 비즈니스기획 • 마이데이터 • 핀테크기술 전략 등 모듈별 심화내용

핀테크 전문 교재 고도화 및 온라인화	**핀테크 전문인력 학점인증체계 및 인증자격 개발**	**플랫폼 온라인 교육플랫폼 고도화**	**핀테크 인턴십 운영**
7종 옐로핀테크 교재 보완 신규 분야 및 핀테크 경영자 교재 신규개발 핀테크 온라인 교육플랫폼 FinEDU 통해 제공	핀테크 대학연계 학점인증 과정 운영 핀테크특화 역량평가체계 기반 표준커리큘럼 활용 교육운영 설계 및 교육영상 컨텐츠 지원	핀테크 전문 교육과정 운영과 디지털 콘텐츠 다각화를 위한 플랫폼 기능 개선 온·오프라인 혼합 플립러닝(Flipped Learning) 방식 온택트 효율성 높이는 사용자 중심 기능 구현	핀테크 관련 전공분야의 취업을 희망하는 졸업예정자 및 졸업 후 1년 희망자를 대상으로 핀테크 전문교육(pre-인턴십) 제공 교육수료 양성인력 27명을 금융규제 샌드박스 참여기업 등과 매칭하여 3개월간 인턴 실무경험 증진

[그림 20] 핀테크 인력 양성 프로그램

2) 국내 핀테크 트렌드[38)]

가) 빅블러시대의 도래

빅테크 기업과 금융회사 중심으로 디지털 플랫폼 경쟁이 심화되고 있다. 빅테크 기업의 금융 시장 진입 및 금융회사들의 비금융 서비스 출시로 인해 업종 간 경계가 모호해지는 '빅블러 (Big Blur)' 현상이 가속화되고 있다. 금융회사는 금융 및 비금융 융합 기반의 생활 밀착형 혁신 서비스를 출시하며 슈퍼앱이 되고자 한다. 빅테크 기업은 강력한 플랫폼 영향력을 기반으로 고객 락인(Lock-in) 플랫폼 의존도를 높여 독보적 포지셔닝을 목표로 하고 있다.

은행 어플리케이션의 MAU를 보면 카카오뱅크는 약 1,520만 명 , 토스뱅크는 1,400만 명이며 KB뱅크가 1,100만 명 이상이다. 빅테크와의 경쟁 속 빅블러 시대 대응을 위해 4대 금융지주 회장들은 모두 2022년 신년사에서 '플랫폼'을 화두로 강조했다. 그들은 '대체불가한 플랫폼사'

---

38) 2022 한국 핀테크 동향보고서/한국핀테크지원센터

를 목표로 자본력과 계열사 시너지를 활용하여 플랫폼 경쟁력 확보, 이종산업 확장 등을 시도 중이다.

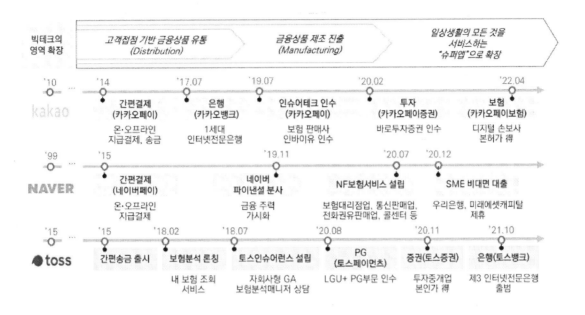

Source: 삼정KPMG 경제연구원(2022.06), '빅테크의 플랫폼 비즈니스를 통해 바라본 디지털 금융의 방향' 재구성

[그림 21] 국내 빅테크의 사업 확장

2015년 금융위원회의 'IT·금융 융합 지원방안' 마련 이후, IT와 금융 산업의 융합을 위한 토대가 마련되었으며 빅테크 및 핀테크의 디지털 금융 인프라 구축을 통해 금융업 진출이 가속화되었다. 카카오, 토스는 금융 자회사 및 인터넷전문은행을 설립하고 네이버는 간편결제 서비스인 네이버페이 부문을 네이버파이낸셜로 분사 후 사업을 확장시키고 있다.

카카오·네이버·토스는 생활 금융 플랫폼을 목표로 하고 있다. 보유 데이터를 포함하여 계열사 간의 금융 비금융 데이터 시너지에 기반한 혁신 서비스 출시 및 직관적 UI/UX을 통한 이용 편리성을 강화하고, 간편결제 외 타 금융 산업으로 영역을 확장중이다.

플랫폼 비즈니스는 연계 서비스 제공이 끊김 없는(Seamless) 빅테크가 주도 중인 것으로 보이며 과거와 비교해 빅테크의 금융업 영향력이 커지고 있다. 카카오페이는 간편결제와 간편송금을 시작으로 유저 수를 확보하였고 이들을 대상으로 증권 및 보험 서비스 제공을 위해 금융업을 직접 영위하고 있다. 네이버는 2019년 네이버파이낸셜 분사를 통해 페이먼트사업에 주력하기 시작했다. 네이버쇼핑과 네이버페이의 매끄러운 서비스 결합을 통해 쇼핑과 결제를 아우르는 One-stop 플랫폼으로 나아가고자 한다. 이를 위해 '네이버플러스 멤버십'을 통해 소비자 혜택 강화에 주력하여 고객 로열티를 높이고 있다. 간편송금 스타트업에서 시작한 토스는 간편결제, 증권, 보험, 은행 등 금융 서비스 범위를 넓혀왔다. 하나의 앱에서 모든 서비스를 제공하는 OneApp 전략을 유지하고 있으며 종합금융플랫폼으로 나아가고자 하고 있다.

이커머스 대표 기업 쿠팡은 배달앱, OTT분만 아니라 금융시장에도 진출 중이다. 2015년 말

자체 간편결제 서비스 '쿠팡페이'를 도입하였고 2021년 결제규모는 5,688억 원이었다. 쿠팡파이낸셜은 2022년 7월 여신전문금융업 등록을 신청했으며, 2022년 하반기 국내 이커머스 업계 최초로 캐피탈 사업 진출을 준비 중이다. 쿠팡은 입점 소상공인 대출서비스 등을 시작으로 자사 계열사 자산 관련 할부리스업 등 다각도의 수익사업에 나설 것으로 보인다.

전통 금융회사들도 핀테크와의 제휴, 이종산업 간 협업을 통해 '디지털 유니버설 뱅크(종합금융앱)'로서 플랫폼 경쟁력을 강화하고자 노력 중이다. 5대 은행 모두 청약, 대출 서비스와 연계 가능한 부동산 관련 프롭테크(PropTech) 서비스를 제공 중이다. 이 중 신한은행은 네이버와의 협력을 통해 네이버 부동산에서 전세 매물 검색 후 신한은행의 전세대출 신청까지 가능한 One-stop 서비스를 제공한다.

또한, 금융회사들은 생활밀착형 비금융 서비스 제공을 통해 자체 플랫폼 경쟁력을 확보하고자 한다. 농협은 온라인 판매 채널 확대를 위해 농축산물 생산자 네트워크 보유라는 장점을 적극 활용하여 중간 유통비용 절감을 통한 가격 경쟁력으로 고객 방문을 유도한다. 축산전문 온라인몰 '라이블리(LYVLY)'를 2021년 7월 개설했으며, 2021년 8월에는 NH농협은행의 종합금융 플랫폼 '올원뱅크'에서 비금융 서비스인 꽃 배달 서비스 '올원플라워'를 출시했다. 신한은행은 금융권 최초로 배달앱인 '땡겨요'를 출시하며, 비금융 서비스로 영역 확장을 시도 중이다. 해당 앱은 2022년 3월 기준 MAU는 약 6.5만 명이며, 고객 데이터를 기반으로 금융상품 개발 및 마케팅에 활용될 예정이다.

KB국민카드는 롯데카드, 롯데면세점, 티맵모빌리티와 '이업종 데이터 융합 플랫폼' 참여 등 데이터 상호 협력을 위한 업무 협약을 맺었다. 유통, 모빌리티 관련 빅데이터 확보 및 참여 기업 간의 다양한 데이터 융합과 협력을 통해 데이터 경쟁력 확보를 포함하여 사업 및 고객 서비스 시너지 창출을 기대하고 있다.

보험업계는 디지털 헬스케어에 주력하는 추세이며 자회사 설립 및 협업을 통해 사업 영역을 확장하고 있다. 2021년 7월 금융위원회의 '보험업권 디지털 헬스케어 활성화 방안'에 따라 보험사의 디지털 헬스케어 전문 자회사 설립을 허용하도록 규제를 개선했다. 이후 , 2021년 10월 KB손해보험은 금융당국으로부터 헬스케어 자회사 설립 승인을 받아 보험업계 최초로 헬스케어 자회사인 KB헬스케어를 설립했다. 건강 관리 서비스 플랫폼 '오케어(O-Care)'를 출시하며 기업고객 중심으로 헬스케어 서비스를 제공하고 이후 점차 개인 대상으로 고객 범위를 확대해 나갈 방침이다.

또한, 삼성생명·화재, 신한라이프, AIA생명 등 8개 보험사는 헬스케어 플랫폼을 운영하고 있다. 삼성화재는 헬스케어 서비스 개발 및 고도화를 위해 세브란스병원과 MOU를 체결했으며 삼성생명은 세브란스병원과의 협업을 통해 맞춤형 헬스케어 앱 '더 헬스(THE Health)'를 출시했다.

정부는 금융회사가 다양한 금융 비금융 서비스 제공이 가능하도록 규제를 개선하여 '디지털 유니버설 뱅크' 구축을 지원하고자 한다. 2022년 8월 금융위원회는 제2차 「금융규제혁신회의」 개최를 통해 '금융회사의 플랫폼 금융 활성화' 및 '온라인 플랫폼 금융상품 중개업 시범운영'

방안을 심의했다. 엄격한 부수업무 규제로 플랫폼내 다양한 서비스 제공이 어려웠던 은행은 이와 관련한 업무 범위가 확대된다. 또한, 통합 앱을 통해 뱅킹·카드·보험 등의 계열사 서비스를 연계 제공 시 존재했던 법적 불확실성은 개선된다. 통합 앱 운영을 부수업무로 허용하고, 금소법상의 중개 여부에 관한 기준을 명확히 하며 계열사 비금융서비스도 연결 및 제공이 허용된다. 또한, 빅테크 및 핀테크 기업들은 혁신금융서비스를 통해 금융상품 (예금, P2P 상품, 보험 등) 중개업 시범 운영이 가능해진다. 금융당국의 규제 개선을 통한 적극적인 지원으로 슈퍼앱 기반이 마련되고 있으며, 빅테크와 금융회사 간의 건전한 경쟁이 이루어질 것으로 보인다.

나) 오픈파이낸스와 마이데이터

　정부는 금융권의 디지털전환 가속화의 일환으로 오픈파이낸스 정책을 시행했다. 오픈파이낸스 정책이란 고객의 동의를 기반으로 제3사업자가 고객의 금융 데이터에 접근할 수 있도록 금융정보 보유기관이 표준화된 오픈 API방식을 통해 제공하도록 하는 정책이다. 마이데이터 서비스와 오픈뱅킹 운영을 통해 금융업의 디지털화를 기반한 편의성을 높이고 있으며 마이페이먼트 사업 운영을 위한 규제 마련을 위해 노력하고 있다. 특히 오픈뱅킹과 마이페이먼트 사업에 마이데이터를 결합해 오픈 파이낸스 시대를 개척하고자 한다.

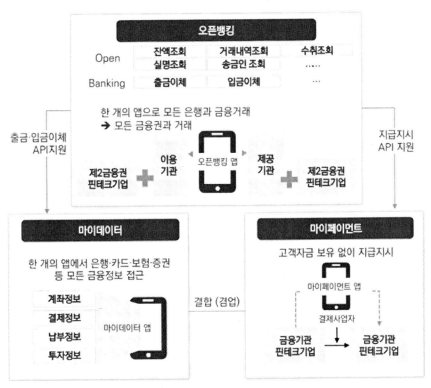

Source: 금융위원회(2021), '오픈뱅킹 시행 2년이 만든 디지털 금융혁신 성과 – 오픈뱅킹 전면시행 2년, 순가입자수 3천만명 돌파'

[그림 22] 오픈파이낸스 구조

마이데이터(MyData)란 개인의 동 하에 개인정보 이동권에 근거해 금융기관에 산재한 개인의 금융·신용정보를 통합 관리해주는 서비스를 의미한다. 마이데이터 사업은 2020년 8월 데이터3법(개인정보보호법, 정보통신망법, 신용정보법) 개정 후 정부 주도하에 시작되었다. 2021년 12월 17개 사업자가 시범서비스 운영하였으며 2022월 1월 33개 업체가 마이데이터 사업에 진출했고 현재 52개 사로 증가하였다. 현재 신용정보협회 허가 현황에 따르면 마이데이터 사업자는 본 허가 63개, 예비허가 7개로 총 70개로, 은행 11개, 보험 4개, 금투 11개, 카드·캐피탈 9개, 저축은행 2개, 상호금융 1개, CB사 2개, 핀테크·IT 업체 30개이다. 이중 약 43%는 핀테크·IT 업체이다.

빅테크, 플랫폼 업체의 빠른 모객력과 성장세에 위기의식을 감지한 은행, 카드, 금투업권이 선두로 마이데이터 사업에 진출했고 보험업권은 현재 서비스를 준비 중이다. 금융위원회에 따르면 2022년 10월 기준 마이데이터 가입자는 총 5,480만 명이며 57%의 3,138만 명이 금융기관 가입자이며, 43%인 2,342만 명이 핀테크·IT 가입자 차지하며 단기간 내 높은 고객유치 성과를 달성했다.

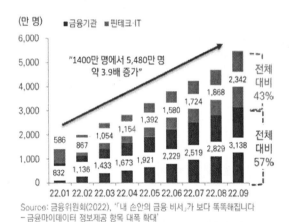

[그림 24] 마이데이터 가입자
변화 추이

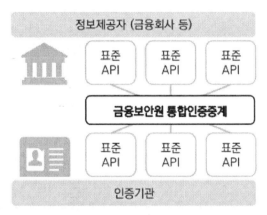

Source: 금융보안원

[그림 23] 마이데이터 통합인증
중계시스템 개요도

주요 금융 마이데이터 서비스로는 금융자산 통합조회·관리, 신용평가, 맞춤형 상품추천, 보장분석 등이 있다. 신한·하나·우리, NH농협, KB국민은행 등 주요 은행은 마이데이터 사업 운영을 통해 금융자산 관리에 집중하며 최근 기술활용을 통한 서비스 고도화에 집중하고 있다. 신한카드, KB카드, BC카드를 포함한 카드사는 소비관리 및 통합자산조회 서비스를 제공하며 KB손해보험 금융자산통합조회 및 보험 보장분석, 뱅크샐러드는 부부 자산 통합관리 및 조회가 가능한 '우리집 돈관리 서비스' 등을 출시했다.

마이데이터 서비스가 확대되고 이용자가 늘어남에 따라 다양한 사설 인증서의 수요가 증가하고 있지만 인증체계를 통합관리하는 중계시스템의 부재로 정보제공기관은 여러 인증기관과 개별적으로 연동해야 한다. 이에 2022년 7월 금융보안원은 인증수단 연동에 따른 시간 및 비용에 대한 부담을 줄이고자 통합인증 중계 시스템 사업을 추진 중으로 2022년 시범사업 이후 인증기관별 통합인증 API 호출·응답 중계, 인증 API 제공, 인증기관별 API 호출, 이용기관별 관리자 및 이용자 계정 조회·관리, 이용 통계 및 이력 관리, 이용량 정책 관리 등을 제공할 예정이다. 기존 492개 정보 항목에서 은행, 보험, 카드, 금융투자, 공공 등 전 분야 720개로 크게 늘어날 예정이다.

금융당국은 마이데이터 서비스가 금융·비금융 융합을 통해 진화할 것이라 전망한다. 2021년 2월 공공 마이데이터 시범서비스를 시작하고 12월 전자정부법이 개정되면서 본격적으로 서비스를 운영 중이다. 개인신용대출, 신용카드 신청 등 금융기관을 대상으로 서비스가 제공되며 국민의 편의를 높이고 있다. 또한, 개인정보보호법을 개정해 법적 근거마련과 정보통신, 교육, 유통, 문화·여가, 국토교통 등 5개 분야 데이터 표준화를 우선 추진할 계획이다. 금융산업을 중심으로 시작된 마이데이터는 전산업으로 확산되어 마이데이터 2.0시대가 도래할 것이며 금융회사·핀테크사는 타산업과의 적극적 융합을 통한 고객 언맷(unmet)니즈 발굴 및 차별화된 서비스를 출시하여 경쟁력을 확보하기 위한 준비에 박차를 가하고 있다.

오픈뱅킹 사업은 2019년 12월 정부가 금융결제망을 제3자를 대상으로 개방하며 전면적으로 시행되었다. 특히 기존 은행이나 카드사 등 금융회사 위주로 운영되던 지급결제 시장에 핀테크 기업 등 제3자 지급결제 서비스 제공업자가 진입하고 새롭고 편리한 소비자 중심의 금융서비스를 개발할 수 있도록 하여 시장 내 공정한 경쟁과 지속적인 개방형 혁신이 가능한 환경을 조성했다. 오픈뱅킹 도입 후 약 2년만인 2021년 12월 기준으로 순가입자 수는 3 천만 명이며 1억 개에 달하는 순등록계좌가 오픈뱅킹 앱에 등록되어 있다. 오픈뱅킹 API 이용비중은 2021년 11월을 기준으로 잔액조회가 68%로 대다수를 차지하였으며 출금이체가 21%, 거래내역 조회가 6% 등 계좌관련 기능의 이용 비중이 높게 나타났다.

초기 은행 및 핀테크기업을 대상으로 시작해 타 금융업권으로 확대되어 2021년 11월 기준 총 120개 참여기관의 앱에서 오픈뱅킹 서비스 이용이 가능하며, 이 중 핀테크 기업은 68개로 서비스 제공기관 중 약 56.7%에 달한다.

오픈뱅킹 서비스를 통해 금융회사는 핀테크 기업과의 경쟁 및 협력을 통한 신규 서비스를 제공해 플랫폼으로 전환할 기회를 가졌으며, 핀테크 기업은 별도 제휴 없이도 금융회사 결제망에 접근해 이체 및 송금에 대한 비용을 절감할 수 있다. 정부는 오픈뱅킹을 핵심 인프라로 이용되도록 고도화를 위해 참여업권을 확대하고 입금가능 계좌에 예·적금을 추가하였다. 또한 핀테크 기업의 선불충전금 정보 조회를 2021년 7월에 실시해 참여업권간 데이터 상호개방을 의무화하였으며, 조회 수수료 수준을 합리적인 조정을 2021년 1월에 진행해 수수료 체계를 마련해 오픈뱅킹 사업이 빠른 속도로 금융시장에 안착하였다.

더불어 2020년 11월 발의된 「전자금융거래법(전금법)」의 개정안은 전자금융거래법을 최근의 비대면 환경 변화와 전자금융의 성장과 채널의 변화 등을 고려하여 입법화된 전자금융거래법의 등록 체계 및 업종 등을 기준 7개에서 5개로 간소화하는 것을 주요 목적으로 한다. 동 법에서 기존 마이페이먼트란 고객자금을 보유하지 않고 금융회사에 고객 지급지시를 전달해 결제·송금서비스를 제공하는 전자금융거래업으로 기존 전자금융업자를 거치지 않고 금융회사 간 직접 송금·결제가 가능해 전자상거래 수수료 및 거래 리스크가 절감된다.

금융위원회는 전금 법의 개정을 통해 종합지급결제업을 도입해 전자금융사업자가 금융결제망을 이용해 예매업무를 제외한 계좌서비스를 제공할 수 있도록 개선하려 하였으나, 은행 고유업무에 대한 침범의 우려로 전자자금이체업(이체업)을 활성화하는 방향으로 전향한다. 이체업은 계좌 간 자금이체업무가 가능한 사업자로 금융결제망을 직접 이용해 계좌를 만들 수는 없으나, 은행과의 협의를 통해 전용 계좌를 개설할 수 있다. 금융위원회는 금융회사와 핀테크사가 상생하는 방향으로의 규제 개선을 지원하고자 한다.

다) 빅데이터, 디지털 금융의 핵심

마이데이터 시대 도래 및 급속한 금융 디지털화에 기반해 데이터 생성·사용이 중추적인 역할을 하는 데이터 경제가 활성화되고 있다. 데이터 경제란 데이터의 활용이 다른 산업 발전의 촉매 역할을 하고 새로운 제품과 서비스를 창출하는 경제를 의미한다. 산업 시대에서 저가로 원유가 정제 과정을 거쳐 고가의 석유제품으로 만들어지는 것처럼, 데이터 경제에서는 데이터가 분석 및 가공 과정을 거쳐 기업의 중요한 자산이 된다. 산업시대에는 원유를 확보하는 것과 정계하는 기술을 가지는 것이 국가 경쟁력의 근간을 이루었다면, 데이터 경제 시대에는 데이터를 잘 활용하는 국가가 힘 있는 국가가 될 것이다.

이로 인해 주요 국가들은 데이터 개방 및 공유를 핵심전략으로 삼아 민간을 대상으로 공공데이터를 개방하고 민간데이터의 생산·거래·유통을 지원한다. 민간부문 데이터는 공공데이터 대비 활용 가치가 높지만, 기업의 핵심 자산으로 분류되어 공유에 허들이 있기 때문에 정부는 데이터 거래 및 유통 활성화를 지원할 필요가 있다.

데이터 산업 시장규모는 2019년 기준 16.9조 원이며, 연평균 11.3%씩 성장하여 2025년 32조 원을 넘어설 것으로 예측된다. 사업영역 중 데이터 서비스 49.4%, 데이터 구축·컨설팅 38.5%, 데이터 솔루션 12.1%를 차지한다. 정부는 데이터 활용이 용이한 산업구조를 위해 데이터 수집을 위한 데이터 댐 구축과 분야별 데이터를 체계적으로 수집·개방하기 위한 규제 정비 및 유통 플랫폼 구축을 지원하며 기업의 데이터 기반 성장을 독려한다. 데이터 댐은 공공기관이나 민간기업이 데이터를 수집하고, 이를 가공하여 유용한 정보로 재구성한 집합 시스템을 의미하는 것으로 2020년 7월에 발표한 '한국판 뉴딜'의 10대 대표과제 중 하나이다.

2021년 누적된 공공데이터 개방 건은 14.7만 개로 금융, 교통, 의료 등 약 5,3000여종, 10억 건 이상의 데이터가 구축, 개방, 활용되었다. 데이터 공급기업은 2019년 393개에서 2021년 1,126개로 약 3배 증가하였고, 데이터 댐 사업 참여 후 상장기업은 2021년 누적 26개로, 총 기업가치는 5.8조 원으로 추정된다. 데이터 댐의 데이터 이용 건수는 2021년 37만 건으로 2019년 약 2만 건 대비 17.5배 급증하였으며, 민간의 공공데이터 이용 건수는 2021 년 누적 33만 건을 달성했다.

금융회사는 지주사를 중심으로 그룹·계열사 간 데이터 융합을 통한 시너지를 위해 빅데이터 플랫폼을 구축한다. 신한금융, 우리금융, 농협금융을 포함한 금융지주사는 분산된 고객 데이터를 모아 상품 및 서비스 개발을 위한 데이터 인프라를 구축해 그룹사 내·외부의 데이터를 융합할 계획이다. JB금융그룹은 2021년 11월 금융그룹 중 처음으로 '데이터 허브'를 구축해 계열사 데이터를 하나의 플랫폼에 집적시켰다. AI기술을 토대로 데이터 허브를 구축하고 고객 맞춤형 금융 서비스를 정교화해 디지털 금융의 경쟁력을 강화할 방침이다.

신한금융은 2022년 2월에 계열사 데이터를 퍼블릭 클라우드에 통합하는 '원 데이터(One Data)' 구축한다고 밝혔다. 취합된 데이터는 규제 등의 영향으로 마케팅 및 영업활동으로 이용이 제한적이나 신용위험관리 등 경영관리 차원에서 활용할 것으로 보인다.

금융회사를 중심으로 한 민간 주도형 데이터 댐 구축도 활발히 이뤄지고 있다. 신한카드는 SK텔레콤, 코리아크레딧뷰로(KCB)와 2021년 2월 최초 민간데이터 댐 '그랜데이터'를 구축해 같은 해 10월 론칭했다. 주관 3사는 카드·통신·신용 데이터를 결합한 가명 결합데이터 상품을 기반해 데이터 생태계 활성화를 위해 노력 중이다. 2022년 7월에는 금융데이터거래소와 업무협약을 맺어 데이터 소외자에 대한 데이터 접근성을 확대할 계획이다. 그랜데이터는 오픈 얼라이언스로 자동차, 제조, 패션, 의료, 교통, 숙박 등 전산업 분야로 확대할 예정이며, LG전자, 홈플러스 등 파트너사 확보를 진행하고 있다. NICE그룹은 데이터 산업 선도를 위해 계열사를 주축으로 2022년 1월 디지털 라이프 데이터 댐을 출범시켰다. LG U+, NH농협은행, KB국민카드, 바이브컴퍼니 등 통신, 금융, 유통, 공공, 메타버스를 결합해 고객분석, 마케팅 전략모델, ESG 지수 등 다양한 데이터 상품을 출시할 예정이다.

KB국민카드는 롯데카드, 티맵모빌리티, 롯데면세점과 함께 '이업종 데이터 융합 플랫폼'을 기반한 빅데이터 결합을 통해 마케팅 및 신사업 발굴을 위해 2022년 6월 업무협약을 맺었다. '이업종 데이터 융합 플랫폼'은 2021년 5월 KB국민카드를 중심으로 롯데백화점, 다나와, 티머니, 토파스여행정보, AB180 등 6개 기업의 제휴를 기반한 데이터 융합 플랫폼으로 이번 업무협약을 통해 데이터의 양적·질적 향상을 통한 데이터 경쟁력을 높이고 협력사간 시너지 창출을 목표한다.

또한, 과학기술정보통신부와 한국지능정보사회 진흥원은 데이터 공급 활성화를 위해 공공과 민간 협력을 기반으로 한 분야별 빅데이터 플랫폼 및 센터를 확대한다. 2022년 말까지 5개 분야(스마트팜, 부동산, 감염병, 2개 자유분야) 빅데이터 플랫폼 및 50개 빅데이터센터를 신규로 구축할 계획이다. 과학기술 정보통신부는 2019년부터 금융을 필두로 환경, 문화, 교통, 헬스케어, 유통·소비, 통신, 중소기업, 지역경제, 산림, 농식품, 디지털 산업혁신, 라이프로그, 소방안전, 스마트치안, 해양수산 등 16개분야에 대한 빅데이터 플랫폼을 운영해 2021년말 기준 6,842종의 데이터가 축적 및 개방되어 약 41만 건의 데이터가 활용되었다.

최근 몇 년간 정부 주도로 주요 공공기관, 금융, 통신 등 다양한 분야의 사업자들이 모여 데이터 경제 활성화를 위해 노력 중이다. 데이터 사업 성과가 가시화되기 위해서는 장기적, 거시적 관점의 사업 추진이 필요하다. 방대한 데이터 축적도 중요하나 현재 수집한 데이터를 기반으로 고객 니즈에 맞는 금융 상품 및 서비스를 발굴하고 이후 고객 만족도를 제고할 수 있는 성과를 확산할 수 있는 목적지향적 접근 및 시도가 필요할 것이다.

라) 디지털자산 생태계의 본격 확장

디지털자산 시장이 성장함에 따라 사업 활용 범위가 넓어지고, 블록체인 기반 디지털자산 생태계가 본격 확장되고 있다. 2021년 국내외 유동성 증가 및 증시호황과 더불어 국내디지털자산 투자도 급증하여 국내디지털 자산거래 지원플랫폼의 거래규모는 코스닥과 견줄 만큼 성장했다.

한국블록체인협회에 따르면, 일평균 디지털자산 거래금액은 2020년 9,790억 원에서 2021년 1~4월 기준 14.2조 원으로 14.5배 증가하였으며, 이는 코스닥 하루평균 거래대금 (11.8조원)보다 높은 수치이다. 또한, 2021년 8월 기준디지털 자산거래지원 플랫폼 등록 이용자수는 중복 포함 누적 만1,258만 명이며, 업비트가 830만 명으로 가장 많은 이용자를 보유하고 있으며, 빗썸(310만 명), 코인원(100만 명) 등이 뒤를 잇는다.

디지털자산 이용자들의 이해도와 서비스 수용도가 빠르게 높아짐에 따라, 단순거래지원을 넘어 신규비즈니스에 대한 수요도 증가하였다. 디지털자산 관련 사업자분만 아니라 금융회사 및 비금융사들도 디지털 자산비즈니스 수립에 박차를 가하고 있다.

관련 기업을 포함해 다양한 업종에서도 디지털자산 기반 사업화를 추진하고 있으며, 국내 대표적인 서비스 유형으로는 NFT, Defi, 조각투자 등이 있다. NFT(Non-FungibleToken)는 대체불가능토큰으로서 디지털 파일에 대한 소유권을 부여하여 희소성을 가지게 되는 특징이 있으며, 해외에서 'NFT시초'라 불리는 크립토펑크의 디지털아트 등이 2021년 상반기 국내에서 본격적으로 알려지며 디지털자산의 새로운 패러다임으로 등장했다.

NFT에 대한 관심 증대 및 거래 수요 증가로 게임사들은 자사 멤버십 강화 및 계열사간의 시너지 향상을 위해 사업에 접목하고자 한다. 2021년 기준 엔씨소프트, NHN, 크래프론, 카카오게임즈 등은 NFT를 활용한 게임 출시 계획을 발표하였다. 게임사들은 게임 캐릭터를 NFT로 생성하여 디지털 카드 형태로 소유 및 거래하 는것에서 나아가 추후 팬덤 및 멤버십을 형성해서 NFT가 게임 간 경제 생태계를 구성하는 큰 축이 되도록 하고 있다.

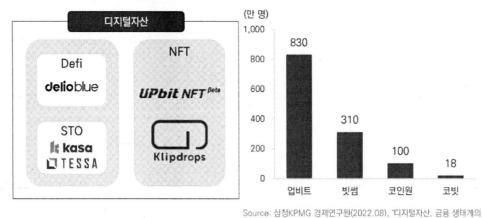

[그림 25] 국내 대표적인 디지털자산 서비스

[그림 26] 국내 디지털자산거래소 등록 이용자수

블록체인 기술이 활용된 DeFi, 조각투자 등은 새로운 금융서비스로 떠오르며 전통금융회사들도 사업에 참여하고 있다. DeFi는 탈중앙금융시스템에 기반한 디지털자산의 담보 대출 및 예치 등의 P2P 방식의 금융서비스로, 2022년 7월 신한금융투자는 디지털자산 비즈니스 협업 강화를 위해 DeFi 전문핀 테크사 델리오와 함께 MOU를 체결했다. 이를 통해 금융 및 블록체인

기술과 관련한 생태계 조성, 블록체인 기반 상품 및 서비스 개발, 디지털자산 비즈니스 협업을 위한 업무를 진행 예정이다.

주요 은행들은 디지털자산 수탁(Custody) 관련 사업에 합작법인을 설립하거나 지분 투자 형태로 참여하고 있다. 디지털자산 시장에서 비교적 진입이 용이한 대여금고 업무, 신탁업무 등의 형태로 참여하고 있다. 따라서 2020년 11월 KB국민은행은 블록체인 투자사 해시드, 블록체인 기술 기업 해치랩스와 함께 합작법인 KODA(한국디지털에셋)를 설립하며 디지털자산 수탁 사업에 참여하고 있다.

부동산과 미술품에 이르기까지 다양한 실물자산을 지분형태로 나누어 여러 투자자가 공동 투자하는 디지털 조각투자는 증권형토큰(STO) 거래 방식으로 운영된다. 증권형 토큰이란 블록체인기술에 기반하여 자산을 거래·교환·전송이 가능한 형태로 토큰화한 디지털자산으로 주식처럼 증권의 성격을 띠고 있다. 2021년 투자열풍에 힘입어 조각 투자플랫폼인 펀블·카사코리아(부동산매매), 소투·아트앤가이드·테사(미술품매매) 등의 인기가 높아졌다. 안전자산에 대한 소액투자 가능, 임대배당수익과 매각시의 매매차익에 따른 수익 배분 가능이 가능하다는 점이 주요 요인이다. 한국투자증권, SK증권, 하나금융투자등 금융회사들도 블록체인기술력을 보유한핀테크업체와 제휴를 체결하여 적극적으로 조각투자 시장에 진입하고 있다.

디지털자산 시장규모가 커지고 기업들의 사업 참여도도 높아지고 있지만, 명확한 규제기준이 없어서 시장성장을 위해서는 디지털자산을 국내 제도권 안으로 수용할 필요성이 대두되고 있다. NFT 기반의 혁신 서비스가 출시되며 많은 관심을 받고 있지만, 관련 규제 역시 Gray zone에 있다. 불안정한 외부 요인이 없는 디지털자산 사업 영위를 위해서는 관련 가이드라인을 통한 제도권 편입이 필요한 상황이다. 다양한 사업 모델 구현이 가능한 체계 및 안정적인 제도적 기반이 마련된다면 전체적인 산업 성장과 더불어 사업 영역이 더욱 확장될 것이다.

마) 자산관리 시장

코로나19로 인한 불확실성, 기준금리 인하, 유동성 증가, 국내외 증시호황 등으로 연령 및 성별을 불문하고 대규모 개인 투자자들이 주식시장으로 유입되었다. '동학개미운동'과 '주린이(주식+어린이)'라는 신조어가 생길 정도로 주식투자 열풍이 크게 불었다. 코로나19 확산 초기인 2020년 1월 국내 주식시장 일평균 거래대금은 1.9조 원이었으나 2021년 7월 일평균 거래대금은 26.3조 원으로 약 2.5배 증가하며 투자시장은 호황이었다. 금융투자협회에 따르면 주식소유자는 2019년 614만 명, 2020년 914만 명, 2021년 1,373만 명으로 평균 50%씩 증가했다. 주식계좌 수는 2019년 2,936만 개였으며 2022년 2월 6,000만 개를 돌파했다

과거 4050세대 남성 중심의 주식거래가 활발했다면 코로나19 이후 모바일 디지털 플랫폼에 익숙한 MZ세대가 주요 투자층으로 급부상했다. 한국예탁결제원에 따르면, 2021년 20세 미만의 주식 소유자수는 약 66만 명으로 전년대비 약 2.4배 증가, 20대는 204만 명으로 1.9배 증가, 30대는 286만 명으로 1.6배 증가했다. 특히 MZ세대는 디지털 환경에 익숙하나 자산규모가 적고 투자관련 지식과 경험이 적어 AI기반 투자관리 서비스인 로보어드바이저(Robo-Advisor) 투자 서비스 관심도가 높아졌다. 2022년 4월 기준 인공지능 투자 서비스 핀트 이용자의 75%는 2030세대였다. 디지털 자산 관리 플랫폼 파운트는 2018년 말 20대와 30대 비중이 각각 10%, 27.3%에서 2021년 6월 20대 39.5%, 30대 27.3%로 집계됐다.

RA 테스트베드 사무국에 따르면 2021년 말 로보어드바이저 시장규모는 전년대비 52% 증가한 약 42조원을 기록했으며, RA 대표기업인 파운트는 2021년 12월 기준 AUM(Assets Under Management, 관리자산총액)이 1조 3,570억 원을 넘어섰고, 콴텍은 1.5조 원을 넘기며 1년도 되지 않아 15배 이상 규모를 키웠다.

이는 변동성 장세에서의 안정적인 투자수익률 확보의 어려움과 개인 투자자들의 직접투자 수익률 저하등의 요인에 기인하여 안정적인 수익률을 나타내는 로보어드바이저의 신뢰도가 상승한 것으로 보인다.

투자열풍으로 주식뿐만 아니라 디지털자산, NFT, 부동산·미술품 STO등 디지털기반의 투자상품 관련 관심도 높아졌다. 2021년 하반기 동안 디지털자산 거래금액은 2,073조 원으로 2030세대 이용자가 54%였다.

또한, 음악저작권 투자플랫폼인 뮤직카우는 2021년 9월 기준 누적거래액 2,465억 원으로 지난해 같은 기간보다 685%, 회원수가 만명으로 110% 증가하였다. 부동산 매물을 STO로 유동화하여 거래하는 플랫폼 카사는 2022년 7월 기준회원수 16만명을 달성하였으며, 부동산매물은 누적 공모 총액 384억 원을 달성하며 6년 연속 완판을 기록했다. 또한, 미술품 조각투자 플랫폼인 테사는 2021년 1인당 평균투자금액 65만 원으로 전년 대비 6.6% 증가했다.

하지만 2022년 상반기 글로벌 긴축 가속화와 경기침체 우려로 코스피는 21.7% 하락했으며 개인 투자 심리가 위축되었다. 7월 일평균 국내 주식시장 거래대금은 13조 3,160억 원으로 코로나 19대 유행이었던 2년전 수준으로 돌아갔다. 주식 호황이 자산관리 시장에 긍정적 영향만 있었던 것은 아니다. 2021년 7월 주요 증권사 6곳의 신용 융자잔액은 17조 8,536억 원으로 2019년 말 6조 6,633억 원 대비 128%가 증가했다. 연령별로 보면 20대 288% 폭증, 60대 180% 급증하였으며 30대와 40대도 각각 178%, 159% 증가했다. 현재 대출 후 상환이 어려운 '빚투(빚내서 투자)', '영끌족(영혼까지 끌어서 투자)'이 사회적 이슈로 떠올랐다. 따라서 금융위원회는 안정적인 투자를 지원하고자 사업자가 지켜야하는 투자자보호체계를 제시하는 '조각투자등 신종증권사업관련 가이드라인'을 2022년 4월에 발표하였다.

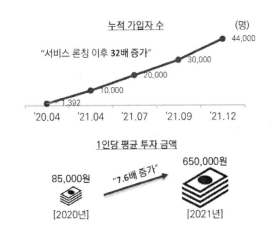

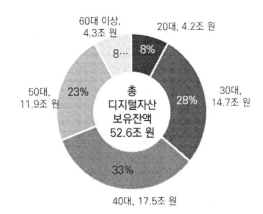

[그림 27] 테사의 가입자 및 투자금액 추이　　　[그림 28] 빅4 코인거래소 연령별 보유잔액

나. 해외

1) 해외 핀테크 트렌드[39]

가) 오픈파이낸스 확장의 지속

금융산업의 글로벌 트렌드가 된 오픈뱅킹은 개인의 데이터 주권회복과 안전한 활용. 데이터 개방을 통한 기존금융권의 비효율성 제거와 경쟁 촉진 등을 골자로 최근 은행등 일부금 융권에 오픈뱅킹에서 다양한 금융상품 및 서비스로의 확장과 금융업 권간 합종연횡을 통한 오픈파이낸스로 개인금융 데이터에서 전영역의 개인데이터(오픈 데이터)로 개념과 범위가 확장되고 있다.

Source: Statista, 삼정KPMG Analysis

[그림 29] 오픈뱅킹-오픈 파이낸슨-오픈 데이터의 관계

금융권의 오픈뱅킹은 유럽연합(EU)이 2018년부터 시행하고 있는 개인정보보호법(GDPR, General Data Protection Regulation)과 지급결제 산업지침(PSD2, Payment Services Directive2)을 제도적 근간으로 전 세계적으로 확산되고 있다.

2018년 5월 발효된 EU GDPR은 개인정보 주체의 권리와 개인정보를 다루는 기업의 책임성과 의무를 강화하여 EU 디지털 단일시장을 위한 혁신기반을 구축하고 회원국간 자유로운 정보 이동을 장려하기 위해 제정되었다. 이는 오픈뱅킹 또는 오픈파이낸스의 전제 조건으로 정보주체인 개인이 은행등 기업에 제공한 자신의 정보를 다른 회사 등에 제공하도록 요구할 수 있는 권리인 '개인정보 이동권'을 명시적으로 도입하고, 개인정보의 열람권, 정정권, 삭제권 등을 통해 개인정보에 대한 통제권을 강화했다.

이는 기존 은행이나 대형 회사등 개인정보처리자가 가진 독점적인 데이터 권한을 소비자 개인에게 되돌려 소비자가 서비스 제공자 및 제공데이터의 범위등을 선택할 수 있도록 하여 경쟁을 촉진하는 효과를 가져왔다. 또한 PSD2는 금융정보의 안전한 이동을 보장하는 차원에서

---

39) 2022 한국 핀테크 동향보고서/한국핀테크지원센터

고객의 명시적 동의를 기반으로 핀테크 기업 등 제3자가 API(Application Programming Interface) 방식으로 고객 정보나 은행 계좌 등에 접근할 수 있도록 허용하였다.

금융결제망에 대한 다양한 시장 참가자의 접근성을 확대하며 다양한 금융서비스를 개발할 수 있는 환경을 조성함으로써 핀테크 산업과 생태계 발전의 초석을 제공하였다. 영국은 소수 대형 은행 중심의 과점적구조를 개편하고 경쟁을 촉진하기 위해 오픈뱅킹 정책을 2018년 1월 의무화하였고, 2019년 상반기 한국에 이어 호주 싱가포르, 홍콩, 일본 등 여러 나라로 확산되었다.

2021년 5월 유럽 집행위원회는 든 사람이 전자형태의 건강데이터를 즉각적이고 쉽게 이용할 수 있는 환경조성을 위해 유럽 건강 데이터 공간(European Health Data Space)을 설정하는 규정을 제안했다.

유럽위원회는 강력한 데이터 보안과 개인정보보호를 유지하면서 혁신을 촉진하여 단일 EU 소매결제시장의 발전을 도모하는 방향으로 향후 PSD2의 개정 및 PSD3 제정 등을 검토할 것이라고 밝혔다. PSD2는 개방적인 결제 생태계를 조성하여 금융산업내 혁신을 촉진하고 새로운 금융서비스를 개발하는데 도움이 되었지만, 사기 및 피싱 문제의 증가, BNPL서비스 운영상의 문제점, 디지털지갑 서비스 및 디지털 자산을 활용한 결제증가, API표준설정, 국경 간 거래에서 발생하는 결제수수료의 투명성등 PSD2 제정 당시 예상하지 못했던 다양한 이슈를 다룰 필요성이 높아졌기 때문이다. 이에 따라 신규진입자의 장벽을 줄이되 건전한 영업행위를 유도하면서 지급결제 생태계 내 오픈 파이낸스는 더욱 가속화될 것으로 전망된다.

나) 신흥시장의 핀테크 성장

아프리카, 동남아시아, 라틴아메리카, 중동과 같이 금융 인프라가 열악하고 금융소외계층이 많은 지역에서의 핀테크 발전이 눈에 띈다. World Bank에 따르면 2021년 기준 금융기관 계좌를 보유하지 않은 성인 인구 중동 및 북아프리카 47%, 사하라사막 이남 아프리카 45%, 라틴아메리카 및 카리브해 26% 등 아프리카, 중동, 라틴아메리카 지역에 있는 국가의 금융기관 접근성이 낮게 나타 난다.

이처럼 금융 인푸라가 열악한 국가에 스마트폰 보급과 인터넷 서비스 제공지역이 확대되면서 모바일을 통한 금융서비스를 제공하고자 하는 스타트업들이 생겨나기 시작했다. 신흥시장 핀테크 스타트업들은자 국민들의 금융 접근성, 경제 및 교육 환경 등을 고려하여 모바일 중심의 서비스를 다수 출시하고 있다. 2014년 대비 2017년 모바일 머니 계좌 보유 비율은 라틴아메리카 및 카리브해 지역 12%~33% 사하라사막 이남 아프리카 지역 2%~22%로 급격하게 높아지면서, 스마트폰은 단순 통신수단을 넘어 금융수단으로 성장하였다.

모바일 금융은 팬데믹기간동안 디지털 결제를 선호하는 소비자와 판매자에 의해 더욱 가속화되었으며, 신흥시장에 핀테크 스타트업 설립, VC투자, 해외핀테크기업진출 등으로 선순환되면서 사용이 확대되고 핀테크 산업의 발전에 이르고 있다.

Source: World Bank(2021), The Global Findex Database 2021
Note: 2021년 기준, 15세 이상 인구, 비중이 높은 상위 10개국

[그림 30] 금융기관 계좌 미보유 성인 인구 비중

특히, 아프리카와 라틴아메리카는 핀테크로 주목받고 있는 대표적이 지역이다. 이들은 다양한 인종과 언어, 종교 때문에 사회 통합에 어려움을 겪고 있지만, 인구가 폭발적으로 증가하고 스마트폰 보급도 기하급수적으로 늘어나면서 기회의 땅이 되었다. 아프리카의 모바일 금융 서비스는 개인 해외송금뿐만 아니라 카드 단말기가 없는 소기업이 모바일 결제를 진행할 수 있는 결제 및 송금 부분에 중점적으로 활용된다

안정된 사회 인프라가 구축된 나이지리아를 중심으로 핀테크 활동이 활발한 가운데 아프리카를 기반으로 하는 핀테크 유니콘 5개사 중 Flutterw ave, Opay, Interswitch 등 3개 사가 나이지리아에서 탄생했다.

라틴아메리카지역은 팬데믹으로 인한 디지털 뱅킹 서비스 확대와 금융 포용성 제고를 위한 규제기관의 노력, 금융 고객 저변을 넓히고자 하는 핀테크 기업의 노력 등 다양한 요인으로 핀테크 산업이 급성장하고 있다. 멕시코, 브라질 등이 국가적으로 오픈뱅킹 이니셔티브를 채택하여 개방형 혁신을 추구하고 있으며, IDB에 따르면 라틴아메리카 및 카리브해 지역 핀테크 스타트업은 2017년 703개에서 2021년 2,482개로 253.1% 증가하였다.

라틴아메리카에서 1,080만 명이 코로나 19로 인한 봉쇄기간 동안 처음으로 온라인 구매를 한것으로 추정되고 있으며, 핀테크 기업은 사회 초년생, 임시직 근로자, 중소기업 등을 주요 타깃으로 삼고 이들이 필요한 금융서비스를 제공하면서 디지털 뱅킹과 결제 서비스를 중심으로 핀테크 시장이 지속 발전할 것으로 전망된다.

기업명	국가	밸류에이션 (십억 달러)	총지분투자 규모 (백만 달러)	주요 투자자
Flutterwave (지급결제)	나이지리아	3	474	B Capital Group
Opay (지급결제)	나이지리아	2	570	SoftBank Vision Fund
Wave Mobile Money (대출·송금)	세네갈	2	300	Founders Fund, Ribbit Capital
Interswitch (지급결제)	나이지리아	1	321	Visa
KuCoin (디지털자산 거래소)	세이셸	10	180	Jump Crypto

Source: Crunchbase(2022.08), 'The Crunchbase Unicorn Board'
Note: Flutterwave는 본사가 미국에 위치하고 있으나 나이지리아에서 최초 설립되어 아프리카 핀테크 유니콘으로 분류함

[그림 31] 아프리카 핀테크 유니콘

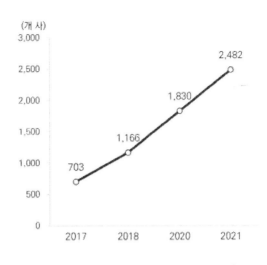

Source: IDB News Releases(2022.04.26), 'Study: Fintech Industry Doubles in Size n Three Years in Latin America and the Caribbean'

[그림 32] 라틴아메리카·카리브해 지역 핀테크 스타트업

다) 필수가 된 임베디드 금융

고객 경험과 보다 향상된 서비스 제공을 위해 비금융기업들이 핀테크를 통해 일상적인 금융 서비스를 제공하고자 임베디드 솔루션 도입이 늘어나고 있다. 임베디드 뱅킹이라고도 불리는 임베디드 금융이란 은행이나 카드사가 아닌 비금융 회사가 금융회사의 금융 상품을 중개·재 판매할 뿐만 아니라 자사 플랫폼에 핀테크 기능을 내장하는 것을 말한다. 사회의 모든 영역이 온 라인으로 연결되어 서비스되는 시대가 도래하면서 별도의 은행의 플랫폼 없이 입출금 계좌 서비 스를 이용하거나, 전자지갑, OO페이 등의 결제 서비스, 보험 심지어 대출까지 제공하고 있다.

핀테크 기업의 경우 이전에는 결제, 송금, 자산관리 등 개별금융서비스를 제공하며 신규고객 을 확보하던 방식에서 임배디드 금융을 통해 이미 고객을 확보한 비금융사에 핀테크 솔루션을 제공하면서 비금융서비스와 금융서비스를 결합시키는 역할을 담당 한다. 현재 임베디드 금융 은 주로 '페이' 형태의 결제 서비스에서 많이 활용되고 있다.

임베디드 금융은 참여하는 모두에게 이점이 작용한다. 유통, 모빌리티, 헬스케어 등 비금융사 는 IT 인프라구축, 금융라이선스 취득 등이 불필요하여 본질적인 서비스에 집중할 수 있으며, 끊김 없는(seamless) 서비스 제공으로 거래 과정에 고객의 불편함이 감소하고 금융서비스 관 련 고객 데이터를 고객 맞춤형 추천에 활용할 수 있다. 핀테크사와 금융사 또한 고객 접점 확 보, 새로운 수익 창출과 신규 비즈니스 마련에 도움이 될 것으로 전망된다.

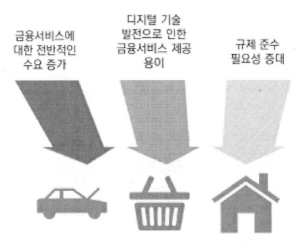

[그림 33] 임베디드 금융의 주요 동인

　해외에서는 이미 디지털 환경변화에 발맞춰 임베디드 금융시장이 빠르게 확대되고 있다. 미국의 Tesla는 2019년부터 캘리포니아주를 한정으로 자동차에 보험을 포함하여 판매하고 있다. Tesla는 차량운행시 수집되는 데이터를 바탕으로 운전자의 사고위험, 수리비용을 예측해 보험상품 견적을 완료하여 자체적인 보험상품을 판매하는데, 기존 자동차보험보다 20~30% 저렴하다. 캐나다 온라인 쇼핑플랫폼 Shopify의 경우 Shop Pay를 통해 미국 BNPL 핀테크 기업 Affirm과 제휴하여 자사 플랫폼 이용고객이 50~ 3,000 달러 금액의 상품 구매시 무이자 할부로 구매 할수 있는 'Shop Pay Installments' 서비스를 2021년 6월부터 제공하고 있다.

　미국 자산관리사 Lightyear Capital에 따르면 임베디드 금융은 2020년 225억 달러에서 2025년 2,298억 달러 규모로 성장할 것으로 전망했다. 이 중 결제가 1,408억 달러, 보험이 707억 달러로 전체에서 각각 61.3%, 30.8%를 차지 한다. 향후 국제송금, 증권화등 다양한 금융 분야도 발전할 가능성이 높을 것으로 전망되며, 임베디드 금융시장이 활발한 미국은 주요 금융기업들이 임베디드 금융 생태계에 참여하고 있다. 핀테크 1위 기업인 페이팔은 2021년 금융 슈퍼앱이 되고자 하는 계획을 발표하며 새로운 디자인과 기능을 탑재한 올인원 개인화 앱을 공개하기도 했다. 슈퍼앱은 고객 입장에서는 새로운 앱 다운로드 없이 하나의 앱에서 모든 기능을 사용할 수 있어 피로도를 줄일 수 있는 한편, 기업은 기존 고객에게 새로운 서비스를 자연스럽게 노출하고 빅데이터 누적에 따른 개인별 맞춤형 서비스 제공이 가능해져 핀테크의 주요 전략으로 지속될 전망이다.

[표 4] 해외 임베디드 금융 사례

기업명	주요 서비스
테슬라 (Tesla)	자동차 시스템에 수집되는 실시간 정보를 바탕으로 해당 차량 운전자의 사고위험과 수리비용을 정확하게 예측한 자체 보험 제공
구글맵 (Google Map)	내비게이션 기능을 사용하는 고객 대상으로 미국 400개 이상 도시에서 지도 애플리케이션으로 정산할 수 있는 서비스 제공
람다스쿨 (Lambda)	온라인 코딩 교육 사이트인 람다스쿨은 수업료 결제 시 할부, 미래소득 발생에 따른 지불계약 체결 등 직접거래를 통해 은행 대출을 대체
쇼피파이 (Shopify)	캐나다 온라인 쇼핑플랫폼 쇼피파이는 어펌(Affirm)과 파트너십을 맺고 자사 플랫폼 이용 고객이 50~3,000달러 금액의 상품을 무이자 할부로 구매할 수 있는 할부금융 서비스 제공
아마존 (Amazon)	입주업체 대상 대출 프로그램인 아마존 랜딩(Amazon Lending)운영
스타벅스 (Starbucks)	스타벅스 모바일 애플리케이션 내 스타벅스 카드를 충전하여 결제, 애플리케이션을 통해 결제하도록 은행 간 수수료 절감

라) 핀테크에 스며드는 ESG

최근 글로벌 회사들이 디지털전환(DT)을 활용한 환경·사회·지배구조(ESG) 경영에 집중하고 있다. 금융권에서도 핀테크과 ESG의 결합, 이른바 'ESG 핀테크'RK 관심을 끌고 있으며, 그 중 환경(E)의 '그린 핀테크(Digital Green Finance) 부문이 대표적이다.[40]

---

40) [핀테크 칼럼]핀테크 ESG/전자신문

[표 5] 핀테크/빅테크가 지속가능발전에 미치는 영향

	긍정적 효과	부정적 효과
대고객 금융 서비스 제공 관점	- 금융취약계층 등에 대한 편리하고 효율적인 금융서비스 제공 - 장기적·안정적 높은 기대수익을 통한 자산형성 지원 - 금융·결제서비스를 중소기업 등에 제공하며 고용 및 경제성장촉진	- 알고리즘 편향, 데이터 프라이버시 침해, 해킹 가능성
서비스, 운영, 인프라 및 프로세스 관점	- 데이터 활용도 제고/금융서비스의 통합과 지급결제 서비스 개선을 통한 탄력성 개선 - 헬스케어/이커머스 등과의 주요 파트너십을 통한 건강과 복지 개선 - 환경 및 기후이니셔티브 가입과 준수 지향 - 기술 개선으로 산업/인프라/경제성장 및 일자리 촉진	- 디지털 금융 소외 계층 등 디지털 격차 발생 - 플랫폼 노동자 등 관련 일자리 질의 문제,일자리 양극화 - 가격조작과 사기 행위 등 증가 - 자동차 및 신용대출 등 과도한 대출과 채무불이행 가능성
비즈니스 모델, 가치 사슬 및 생태계 관점	- 저소득국가 중심의 산업 혁신/인프라 확충 등 경제성장과 고용 창출 - 플랫폼 기업의 데이터 센터/기술 인프라 제공/높은 에너지 효율 제공 - 청정에너지/환경 및 기후 이니셔티브 준수와 지원	- 조세회피 - 비즈니스 모델 융합 등의 과정에서 일자리 감소 가능 - 소비주의 확산, 전자상거래 관련 위법 활동과 사기, 자금세탁 등 불법 활동 가능 - 일부 빅테크의 투자활동 중 삼림 벌채 야기 - 세계적인 디지털 독점화 - 소셜 미디어 등과 연계된 지급결제 플랫폼 통합, 디지털 통화 등은 통화정책과 금융안정성에 영향 초래

코로나19를 계기로 경제사회적 지속가능한 발전의 중요성이 재확인되었고, 이를 위해 경제주체가 선의나 도덕적 차원을 넘어 의사결정 과정에 ESG(Environmental, Social, Governance)등 비재무적 요소를 체계적으로 고려하는 ESG가 부상하고, 기업과 사회의 ESG 실현을 도모하는 지속가능금융(Sustainable Financing)이 부상 중이다. 지속가능금융에 대해 통일된 정의는 없으나 기업과 사회가 지속가능발전목표(Sustainable Development Goals, SDGs)는 추구하는 과정에서 직·간접적으로 이를 지원·기여하는 금융서비스·상품, 관련 제도와 시장체제 또는 ESG를 감안한 투자 및 금융활동으로 정의되고 있다.

전 세계적으로 코로나19 이후 개발도상국과 선진국에서 대부분의 핀테크 영역에서 사용률이 증가하였다. 특히, 지급 및 송금 부분은 전자상거래의 성장과 맞물려 가장 크게 증가하였다. 이는 디지털 지갑 등 비접촉식 결제 방식은 필수품 구입이나 수 조 달러의 정부 지원금을 현금이나 간편한 결제방식으로 전환하는 데 크게 기여한 것으로 보인다.

케냐에서는 '엠페사(M-Pesa)'가 4차 산업혁명과 코로나 시대에 규모가 점점 커지고 있는 모바일금융시스템의 우수사례로 주목받고 있다. 케냐 통신사인 사파리컴(Safaricom)은 2007년부터 모바일 송금시스템인 엠페사를 제공하고 이를 통해 누구나 모바일로 개인 간 송금, 가맹점과의 거래, 저축, 공과금 납부, 은행 거래, 해외 송금까지 가능하게 했다. 특히, 코로나19 기간 중 한시적으로 1,000실링 미만의 거래 등에 수수료를 부과하지 않으면서 소비자의 저비용 상거래를 지원하고, 여성 등 개인과 중소기업에 신용대출을 열어주는 행보를 보이는 등 오랜 기간 금융접근선이 낮았던 아프리카 지역의 금융산업 발전과 금융포용성 제고에 기여한 것으로 평가받는다.

디지털 금융의 선도자인 미국의 아마존, 페이스북, 구글, 중국 앤트파이낸셜, 인도 페이티엠, 남미 메르카도 리브레 등은 전자화폐, 전자지갑과 같은 새로운 지급결제 방식, P2P대출, 크라우드 펀딩, 로보 어드바이저등 보다 보편적이고, 효율적이며 편리한 금융서비스를 선보이고 이며, 금융소회계층이나 중소기업 등에 금융접근성을 높임으로써 빈곤과 불평등 개선, 복지와 안녕을 증진시킨 동시에 고용 창출과 경제성장 등 SDGs에 긍정적 효과를 가져왔다.

반면 핀테크와 빅테의 영향력이 커지면서 부정적 영향에 대한 우려도 제기된다. 불공정한 의사결정 유도 및 차별 가능성, 데이터 집중과 개인 프라이버시 침해 가능성, 독과점 가능성 등을 야기하며 불평등을 심화시키거나 제도적 안정성을 침해할 소지 가 우려되고 있다. 또한, 금융산업 내에서는 집중위험 확대, 건정서오가 시스템 리스크에 미치는 부정적 영향이 지목되며, 국가별 세율 차이를 이용한 조세회피 문제, 세계적인 디지털 독점화로 인한 부작용 등에 대한 우려도 제기되고 있다. 이에 대해 UN Task Force on Digital Financing of the Sustainable Development Goals 등은 빅테크와 금융사 간 동일 기능-동일 규제 원칙 적용 등을 논의 중에 있다.

핀테크 선진국인 싱가포르의 경우, 녹생금융의 주요 과제로 그린 핀테크 이니셔티브(Green FinTech Initiative)를 추진 중으로 그린 핀테크 솔루션 확장, 투명성과 신뢰성을 갖춘 데이터 확보, 투자자-그린 핀테크 솔루션 핀테크-금ㅇ유사 간 협력 증진을 위한 프로젝트 '그린 프린트 플랫폼(Project Greenprint Platforms)'의 시범운용을 준비중이다. 영국 역시 2018년에 이어 2021년 2차 그린 핀테크 챌린지(Green FinTech Challange)를 열어 금융산업을 통한 넷제로 경제로의 전환과 지속가능성을 지원할 신금융상품 개발과 테스트 베드를 제공하고 있다.

4 핀테크 시장 전망

4. 핀테크 시장 전망[41]

가. 국내[42]

국내 핀테크 산업은 해외보다 뒤처지는 양상을 보이고있다. 지급결제 시장의 경우, 해외에서는 미국 페이팔, 중국 알리페이 등과 같이 국가별 주도 사업자가 글로벌 경쟁에 나서고 있다.

해외에서는 스타트업 등 전문화된 업체들이 핀테크 시장에 뛰어들어 다양한 영역에서 혁신적인 서비스들을 내놓는 사례가 많다. 하지만 국내에서는 대형 ICT 기업들이 중심이 되어 기존 사업의 연장선상에서 영역을 확대하려는 목적으로 지급결제 서비스를 중점적으로 추진하고 있다. 결과적으로 우리나라에서는 해외 핀테크 기업들과 같이 다양한 영역에 걸쳐 새로운 형태의 서비스를 상용화하려는 시도가 나타나지 않고 있다.

우리나라는 2015~2020년 비교적 발 빠른 성장세를 보이다가 작년 들어 더딘 걸음이다. 주요국 핀테크 산업의 발전 순위에서 우리나라는 2020년 18위에서 2021년 26위로 8계단이나 하락했다. 국내 핀테크 기업들의 매출(186개 기업 기준)도 2020년 4조 5,089억 원으로 1사당 평균 242억 원으로 낮은 수준이다. 최근 2년간(2020~2021년) 매출성장률도 10%로 낮은 편이고, 무엇보다도 신산업 성장의 바로미터라 할 수 있는 유니콘 수가 핀테크 산업 통틀어 토스한 개뿐이다. 이는 글로벌 핀테크 유니콘이 94개나 있는 점을 감안하면 상대적으로 너무 적다는 의견들이다.[43]

1) 국내 핀테크 기업의 성장세

그러나 국내 핀테크 기업들은 코로나19로 인한 비대면 금융 서비스 확대, 활발한 핀테크 투자 등으로 2018년부터 2021년까지 핀테크 호황기를 맞이하였다. 한국핀테크지원센터의 '2021년 대한민국 핀테크 편람' 553개 사 기준으로 2014년부터 2021년까지 핀테크 기업 수는 연평균 22.8% 증가했다.

553개 사의 핀테크 기업들을 산업분야별로 분석한 결과 판테크 엔에이블러는 224개사(40.5%)로 가장 많은 비중을 차지하였으며, 이 중 데이터분석과 보안인증 분야의 기업이 42.4%의 비중을 차지했다. 그 뒤를 이어 지급결제 121개 사 (21.9%), 자금중개 및 자산거래 87개 사(15.7%), 인슈어테크 30개 사(5.1%), 자산관리 53개사(9.6%), 기타 B2C 서비스 28개 사(5.1%), 디지털자산 7개 사(1.3%)로 순으로 차지한다.

2020년과 비교해 핀테크 인에이블러 기업 수가 67% 증가, 134개 사에서 224개 사로 증가하였다. 자금중개 및 자산거래 기업 수는 2020년 대비 57개 사에서 87개 사로 증가하였으며 이는 신생 자산거래 플랫폼 기업 증대에 기인한 것으로 파악된다.

---

41) '뜨거운 감자' 핀테크 산업, 한국은 더딘 걸음/포춘코리아
42) 2022 한국 핀테크 동향보고서/한국핀테크지원센터
43) 새로워진 핀테크 시장/코스콤

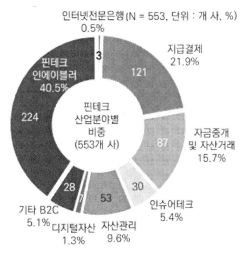

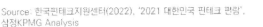

인터넷전문은행(N = 553, 단위 : 개 사, %)
0.5%

지급결제
21.9%

핀테크
인에이블러
40.5%

핀테크
산업분야별
비중
(553개 사)

자금중개
및 자산거래
15.7%

인슈어테크
5.4%

자산관리
9.6%

기타 B2C
5.1%

디지털자산
1.3%

Source: 한국핀테크지원센터(2022), '2021 대한민국 핀테크 편람',
삼정KPMG Analysis

[그림 35] 산업분야별 핀테크 기업 분포

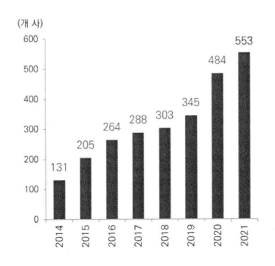

Source: 한국핀테크지원센터(2022), '2021 대한민국 핀테크 편람'

[그림 36] 국내 핀테크 기업 수

2021년 말 기준 국내 핀테크 기업의 모바일 어플리케이션 가입자 수 상위 5개 사의 누적 가입자 수가 1.2억 명을 돌파했다. 천만 명 이상을 보유한 핀테크 기업은 카카오페이(3,700만명), 네에버페이(3,500만명), 토스(2,100만명), 카카오뱅크(1,799만명), 페이코(1,100만명)이다.

이중 4개 기업은 지급결제 산업 분야이며 동사는 계역사 플랫폼 및 외부 서비스와의 시너지 창출을 통해 크게 성장할 수 있었다. 카카오페이와 네이버페이는 2019년에도 3,000만명 이상의 회원으로 보유하고 있는 상태였으며 2019년 대비 각각 12%, 17%의 성장률을 보였다. 토스와 페이코의 가입자 수는 각각 31%, 10% 증가했다.

2019년 대비 2021년 카카오뱅크의 가입자 수는 가장 큰 성장률을 보였다. 카카오 계열사의 플랫폼과의 연계가 가능한 카카오뱅크는 2021년 1,799만 명의 고객을 보유하였으며, 가입자 수가 3년만에 59% 증가했다.

케이뱅크와 토스뱅크도 빠른 속도로 가입자를 유치하고 있다. 토스뱅크는 토스 플랫폼을 기반으로 2021년 10월 출범 이후, 9개월 만에 360만 명의 회원을 유치했다. 케이뱅크는 업비트와의 계좌 연계를 통해 2019년 가입자 수 120만 명에서 2021년 700만 명으로 5.8배 증가했다.

'2021 핀테크 산업현황 조사'에 따르면, 국내 핀테크 기업들의 매출현황은 2019년 이후 성장세를 나타내고 있다. 핀테크 기업들의 평균 매출액은 2020년 85억 원, 2021년 179억 원으로 전년대비 각각 22.0%, 111.5% 증가하였다.

지급결제 분야 핀테크 사업 평균 매출액은 2020년 전체 핀테크 산업 분야에서 242억원으로 25%를 차지하며 규모가 가장 큰 산업 분야였으나, 2021년 디지털자산 분야가 2021년에

5,271억 원으로 약 18.8배로 일 년 새 폭발적으로 증가하며 핀트케 조사 기업 전체 평균 매출액에서 86%나 되는 비중을 차지했다. 이 중 디지털자산 거래지원플랫폼 3개 사에서 비롯된 매출액이 대부분 차지한다. 자금중개 및 자산거래는 2021년 17억 원으로 전년대비 46% 증가하여 디지털자산 다음으로 큰 성장률을 나타냈다.

기술영역은 전년대비 37% 성장하였으며 가장 두드러진 성장률을 보여주는 세부분야는 블록체인으로 관련 분야 기업들의 평균 매출액은 2021년 45억 원으로 전년대비 2배 증가하였다. 이는 디지털자산 거래지원플랫폼의 매출 증가 및 블록체인 기술 활용성 증대에 기인한 것으로 보인다.

2) 국내 핀테크 기업의 해외진출 현황

2021년 핀테크 산업현황 조사에 따르면 503개 사 중 해외진출 경험이 있다고 응답한 기업은 64개 사(12.7%)로 나타났다. 2020년 조사 당시 637개 사 중 84개 사(13.3%)가 운영 중이라고 답하였던 것에 비해 감소했다. 이는 코로나19 팬데믹의 영향으로 핀테크 기업들의 적극적인 서비스 홍보 기회가 줄어들어 금융사협업, 투자유치, 해외진출 등 전반에 걸쳐 어려움이 발생했기 때문인 것으로 추정된다.

대표적인 국내 디지털자산 부문 해외진출 기업은 2018년부터 싱가포르, 인도네시아, 태국에 진출해 온 '두나무'가 있다. 그간 아시아 진출 시도는 해외송금 규제로 제한적이었으나 올해 5월 엔터테이먼트사 하이브와의 합작법인 설립을 통해 미국 시장 진출을 알렸다. 지급결제 부문은 18개 사가 진출했고, 해외송금 분야 24개 사 중 10개 사(41.7%)가 이미 해외진출 경험이 있다고 답했다. '토스'는 2019년 베트남 법인을 설립하고 최근 신용카드 출시 및 소액대출 서비스를 시작했다.

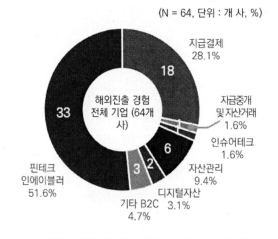

기업명	산업부문	해외진출 현황
두나무	디지털자산	• 국내 최대 가상화폐거래소 '업비트' 운영 • 싱가포르, 인도네시아, 태국 진출 이후 올해 5월 미국에 합작법인 설립
VIVA REPUBLICA toss	지급결제	• 간편송금뿐만 아니라 모바일 금융 플랫폼 내 신용조회 등 통합 서비스 제공 • 베트남 법인 설립, 작년 싱가포르에 글로벌 HQ 설립 등 동남아 사업 확장 계획
AI ZEN	핀테크 인에이블러	• AI 플랫폼 '아바커스(ABACUS)'는 신용평가, 대출심사, 부도율 및 연체율 예측, 고객관리 및 상담, 이상징후탐지, 상품개발 등의 프로세스에 적용 • 일본 다수 금융권에 솔루션 제공, 베트남과 인도네시아 진출

Source: KPMG Analysis

[그림 38] 산업부문별 주요 해외진출 사례

(N = 64, 단위 : 개 사, %)

지급결제 28.1% 18
자금중개 및 자산거래 1.6%
인슈어테크 1.6%
자산관리 9.4%
디지털자산 3.1%
기타 B2C 4.7%
핀테크 인에이블러 51.6%
33
3 2
6
해외진출 경험 전체 기업 (64개 사)

Source: 한국핀테크지원센터(2022), '2021 핀테크 산업 현황 조사', 삼정KPMG 재구성

[그림 37] 산업부문별 해외진출 경험 비중

핀테크 인에이블러 부문 기업은 33개 사가 해외진출 경험이 있다고 밝혔으며, 대표적으로 AI 기반 여신심사 솔루션을 제공하는 '에이젠 글로벌'은 2020년부터 베트남에서 라이선스를 취득하여 운영하고 있으며 최근 인도네시아 시장까지 진출했다.

2021년 핀테크 산업현황 조사에 따르면 2021년 기준 '향후에도 해외진출 의향이 없다'고 답한 기업이 60.4%로 '향후 해외진출 의향이 있다'로 답한 기업이 22.3%로 약 2.7배였다. 해외진출을 완료하거나 앞둔 기업이 17.3%에 불과하다.

해외진출 경험 또는 계획이 있는 기업의 46.9%가 '시장규모, 경쟁현황, 시장 트렌드 등 시장정보 부족'등의 이유로 해외 진출 시 어려움이 있다고 답변했다. 이외에도 '현지규제, 정책 등에 의한 진입장벽'이 37.5%, '해외 바이어·수요 발굴'이 32.8%, '해외 제휴·합작 파트너사 발굴'이 32.8%의 어려움을 겪고 있다고 나타났다.

2020년의 경우 '해외 바이어·수요 발굴', '해외진출을 위한 자금 조달애로', '해외 제휴·합작 파트너사 발굴'에 가장 큰 어려움을 보였으나 코로나19로 인한 시장 불확실성 증앨, 급속한 규제환경 변화, 국내 핀테크 기업들의 스케일업 등으로 인해 이전과 다른 문제들이 대두하고 있는 것으로 보인다.

또한, 업력 2년 이내의 기업들은 '해외 제휴·합작 파트너사 발굴'을, 업력 5~6년 사이의 기업들은 '현지 규제, 정책 등에 의한 진입장벽'을 대부분 해외 진출 시 애로사항으로 지목했다.

국내 핀테크 기업의 해외진출을 지원하기 위한 목적으로 금융위원회는 7차에 걸친 디지털금융 협의회와 정책 설명회를 통해 향후 핀테크 정책 발전방향을 논의해 왔다. 2019년부터 매년 유관기관 협력 하에 글로벌 핀테크 산업 박람회 '코리아 핀테크 위크(Korea FinTech Week)'를 개최하며 기업IR, 투자자 네트워킹, 서비스 홍보 및 체험 부스, 채용 박람회 등의 기회를 제공하고 있다.

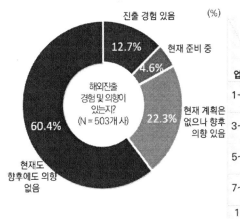

Source: 한국핀테크지원센터(2022), '2021 핀테크 산업 현황 조사', 삼정KPMG 재구성

[그림 39] 국내 핀테크 대상 해외진출 설문조사

(N = 64, 1+2순위, 단위 : %)

애로사항 업력	해외 바이어 ·수요 발굴	해외 파트너 사 발굴	시장 정보 부족	현지 규제, 정책 진입장 벽	수출 전문인 력 부족	자사 기술경 쟁력 부족	해외진 출 자금 보호 어려움
1~2년	40.0	80.0	40.0	20.0	0.0	0.0	0.0
3~4년	41.2	23.5	47.1	35.3	17.6	0.0	11.8
5~6년	18.2	36.4	45.5	72.2	9.1	0.0	18.2
7~9년	40.0	20.0	46.7	20.0	13.3	0.0	26.7
10년 이상	25.0	37.5	50.0	37.5	6.3	6.3	18.8

Source: 한국핀테크지원센터(2022), '2021 핀테크 산업 현황 조사', 삼정KPMG 재구성

[그림 40] 업력별 해외 진출시 애로사항

3) 국내 인터넷뱅킹 사용현황[44]

2022년 6월말 국내은행의 모바일뱅킹을 포함한 인터넷뱅킹에 등록한 고객 수는 19억 9,950만명 명으로 전년 말보다 4.5% 증가했다. 모바일뱅킹 등록 고객수는 1억 6,255만 명으로 전년 말보다 6.0% 증가했다. 한편, 인터넷뱅킹 개인 및 법인 등록고객수는 각각 1억 8,712만명, 1,238만명으로 전년말대비 4.6%, 3.9% 증가했다.

[표 6] 인터넷뱅킹 등록고객수

(천명, %)

	2020		2021		2022
	6월말	12월말	6월말	12월말	6월말
인터넷뱅킹	17,.061	17.439	18.416	19.086	19,950
	(4.1)	(2.2)	(5.6)	(3.6)	(4.5)
(모바일뱅킹[3])	12,945	13,508	14,580	15,337	16,225
	(6.1)	(4.3)	(7.9)	(5.2)	(6.0)
개인	16,005	16,358	17,289	17,894	18,712
	(4.0)	(2.2)	(5.7)	(3.5)	(4.6)
법인	1,056	1,082	1,128	1,192	1,238
	(5.5)	(2.5)	(4.3)	(5.7)	(3.9)

주 : 1) 기말 현재 18개 국내은행, 우체국예금 고객 기준(중복 합산)
　　 2) ( )내는 전기말대비 증감률
　　 3) 2021년중 수치는 자료제출기관의 수정·보고사항을 반영하여 수정

---

44) 한국은행

[표 7] 인터넷뱅킹 서비스 이용실적(일평균 기준)

(천건, 십억원, %)

		2020		2021		2022	
		상반기	하반기	상반기	하반기	상반기	
이용건수	**인터넷뱅킹**	1,392	1,544	1,703	1,761	**1,882**	**(6.9)**
	모바일뱅킹[2)]	1,096	1,240	1,405	1,467	**1,603**	**(9.2)**
	<비중>	<78.7	<80.3>	<82.5>	<83.3>	<85.2>	
	조 회 서 비 스	1,390	1,541	1,700	1,757	**1,878**	**(6.9)**
	대출신청서비스	1.6	2.5	3.0	3.2	**3.5**	**(7.4)**
이용금액	**인터넷뱅킹**	552,997	626,552	680,277	730,394	**750,965**	**(2.8)**
	모바일뱅킹[2)]	83,134	105,059	125,891	131,215	**143,260**	**(9.2)**
	<비중>	<15.0>	<16.8>	<18.5>	<18.0>	<19.1>	
	자금이체서비스[3)]	550,677	619,279	673,102	722,485	**737,771**	**(2.1)**
	대출신청서비스	2,320	7,273	7,175	7,908	**13,194**	**(66.8)**

주 : 1) ( )내는 전기대비 증감률
　　 2) < >내는 전체 인터넷뱅킹 이용실적에서 모바일뱅킹 이용실적이 차지하는 비중
　　 3) 2022년 수치는 자료제출기관의 수정·보고사항을 반영하여 수정

2022년 상반기중 인터넷뱅킹(모바일뱅킹 포함, 일평균)을 통한 자금이체·대출신청서비스 이용 건수 및 금액은 1,882만건, 75.1조원으로 전년 하반기에 대비 각각 6.9%, 2.8% 증가했다.

　모바일뱅킹의 이용실적(일평균)은 건수 및 금액은 1,603만건, 14.3조원으로 전년 하반기 대비 기준 각각 9.2% 씩 증가했다. 전체 인터넷 뱅킹 이용실적 중 모바일뱅킹이 차지하는 비중은 건수 및 금액 기준으로 각각 85.2%, 19.1%이다. 특히, 대출신청서비스 이용 금액은 1.3조원으로 전년 하반기 대비 66.8%의 큰폭으로 증가했다.

나. 해외

글로벌 핀테크 시장 규모는 높은 성장세를 시현하고 있으며 전세계 금융 소비자들의 핀테크 서비스 이용도 빠르게 확산중이다. 2022년 6월 우리금융경영연구소에서 발간한 '글로벌 금융회사와 핀테크 협업 사례와 시사점' 보고서에 따르면 세계 핀테크 시장규모는 2021년 12조 1000억 달러에서 2026년에는 26조 8000억 달러까지 확대될 전망이다.

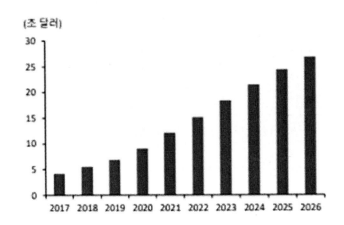

자료: Statista

[그림 41] 핀테크 세계시장 규모

전세계 금융 소비자 중 최소 2가지 이상의 핀테크 서비스를 사용하는 비중은 2015년 16%에서 2019년 64%까지 급증하였다. 미국 은행들의 65%는 2019년부터 2021년간 1개 이상의 핀테크와 파트너십을 맺었으며 35%는 핀테크에 투자를 진행하였고, 그 외 은행들의 37%는 2020년 중 새롭게 협업을 진행하였다.

국 IDC Financial Insights에서 측정한 아시아 태평양 지역의 오픈뱅킹 준비도를 살펴보면, 아세안 지역 내 사이버 보안과 오픈뱅킹을 위한 인프라부문 등의 영역에서 핀테크 기업이 진출할 여지가 있음을 간접적으로 시사- 싱가포르(8.1), 호주(7.1), 홍콩(6.6), 뉴질랜드(6.4), 중국(6.4), 말레이시아(6.2), 한국(6.2), 인도(6.1), 태국(6.1), 대만(5.7), 일본(5.5), 필리핀(4.7), 인도네시아(4.0), 베트남(2.3) 순으로 나타난다.

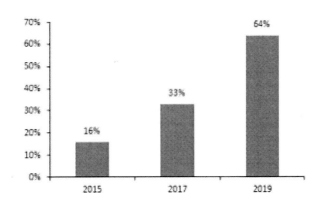

자료: EY

[그림 42] 글로벌 핀테크 서비스 이용 비중

　태국, 필리핀, 인도네시아, 베트남의 경우 평균 이하 수준으로 오픈뱅킹을 준비중이며, 아시아 태평양 지역 내 65%의 은행이 오픈뱅킹을 위한 기술인프라가 부족하고, 은행의 80%는 자사가 사이버 보안 관리 능력이 부족하다고 응답했다. 은행 중 71%는 고객데이터 정보보호에 대한 우려를 표명했다.

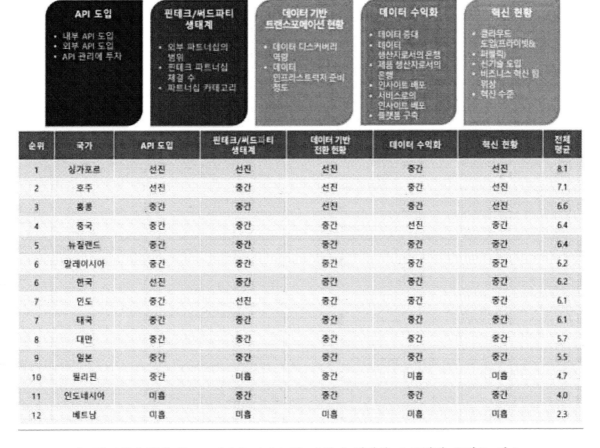

순위	국가	API 도입	핀테크/써드파티 생태계	데이터 기반 트랜스포메이션 현황	데이터 수익화	혁신 현황	전체 평균
1	싱가포르	선진	선진	선진	중간	선진	8.1
2	호주	선진	중간	선진	중간	선진	7.1
3	홍콩	중간	중간	선진	중간	선진	6.6
4	중국	중간	중간	중간	선진	중간	6.4
5	뉴질랜드	중간	중간	중간	중간	중간	6.4
6	말레이시아	중간	중간	중간	중간	중간	6.2
6	한국	선진	중간	중간	중간	중간	6.2
7	인도	중간	선진	중간	중간	중간	6.1
7	태국	중간	중간	중간	중간	중간	6.1
8	대만	중간	중간	중간	중간	중간	5.7
9	일본	중간	중간	중간	중간	중간	5.5
10	필리핀	중간	미흡	중간	미흡	미흡	4.7
11	인도네시아	미흡	중간	중간	중간	중간	4.0
12	베트남	미흡	미흡	미흡	미흡	미흡	2.3

[그림 43]] IDC Financial Insights의 아시아 태평양 오픈뱅킹 준비도 지수

일반적으로 신규 업체가 금융업에 진출하려면 많은 초기 고정비용과 함께 최저 자본금 요건 등을 비롯한 엄격한 금융규제에 직면하게 된다. 이는 전통적으로 신규 업체의 진입을 막는 금융부문의 장벽으로 인식되어왔다.

그러나 온라인·모바일 관련 기술, 데이터의 저장·처리 관련 기술 등 최근의 IT 기술의 발전이 금융의 디지털 혁신을 유도하면서 금융업 진입 장벽이 매우 낮아졌다. 온라인·모바일 기술의 발전은 굳이 점포를 설립하지 않더라도 금융업체와 수요자 간 다양한 접점을 형성시켰다. 데이터 저장 비용의 감소와 처리 속도의 향상에 따라 금융업체는 금융업을 수행하기 위한 전산 시스템을 내부적으로 개발·설치하는 대신 수수료를 지불하고 사용(SaaS: Systemas-a-Service)하는 등 금융시장 진입 고정비용이 크게 감소하였다.

이와 함께 정부도 디지털 기술의 발전을 바탕으로 하는 금융 부문의 효율성을 높이기 위해 '금융혁신지원 특별법(19년 시행)', '인터넷전문은행 설립 및 운영에 관한 특례법(19년 시행)' 등을 통해 자격 심사 및 관련 규제를 완화하여왔다.[45]

2022년 12월 8월 시행될 '금융소비자 보호에 관련 법률 시행령 및 감독규정'에 핀테크 업계가 반발하고 있다. 대출성이 없는 제한된 기능의 선불·직불지급수단을 카드사가 제공하는 대출성 상품인 신용카드와 동일한 성격으로 묶어 일괄 규제했기 때문이다.

핀테크의 선불·직불지급 서비스는 대부분 계좌에 직접 연결해 충전하는 형태여서 할부·대출이 불가능한 제한적 형태이기 때문이다. 반면 금융상품인 신용카드는 할부·대출이 가능하고 수익이 발생한다.

핀테크가 제공하는 직불·선불카드는 전자금융업자가 발행사인 경우(카카오페이, 머니카드, 코나카드 등)로 비씨카드 등이 결제 프로세스를 대행한다. 온라인 외에 오프라인에서도 자사 포인트 사용을 활성화하기 위해 발급한다. 가맹점 수수료가 발생해도 프로세스 대행사 수수료와 충전 수수료를 지급하면 적자라는 게 업계 중론이다.

선불·직불카드를 발급하는 핀테크사는 해당 서비스를 종료할 때 금융감독원 지도를 거친다. 대부분 기존 신용카드 연계서비스 규제를 참고해왔다.

업계 한 관계자는 "대출성 없는 선불·직불지급수단을 금융상품으로 규정한 것은 비합리적"이라며 "적자에 기능도 제한적인 핀테크의 선불·직불카드 서비스를 신용카드와 동등한 수준으로 해석한다면 무리해서 서비스를 유지할 여력이 사라질 것"이라고 반발했다.

다른 관계자는 오프라인 카드만 규제 대상인건지 온라인 선불전자지급 수단까지 포괄한 것인지 모호하다며, 온라인까지 포함한다면 연계서비스 규제 범위가 지나치게 광범위해 보인다고 말했다. 지나친 규제로 현재 서비스 중인 핀테크의 선불·직불카드 대부분이 중단될 수 있다는 우려가 제기됐다.[46]

---

45) 2021년 하반기 금융안정보고서, 핀테크·빅테크가 은행 경영에 미치는 영향/한국은행
46) 금소법 시행령에 핀테크 반발/전자신문

1) 베트남[47]

최근 베트남 핀테크 시장이 급부상하고 있다. 업체 수가 200여개로 지난 5년 동안 약 6배, 서비스 사용자 수는 2650만명에서 5320만명으로 2배 늘어났다. 핀테크 시장 규모(간편결제 기준)도 2016년 7억달러에서 2021년 45억달러로 6.4배 확대됐다. 핀테크 시장 규모는 GDP 대비 1.9%로 소규모지만 성장세는 연 45%로 급성장세를 띠고 있다. 베트남 벤처기업 가운데 31%가 핀테크이고, 2021년엔 벤처투자총액에서 핀테크 비중이 무려 27% 상승하기도 했다.

대금결제 방식이 금에서 디지털로 급속히 전환되며 핀테크 서비스에서 결제 33%, 부분이 제일 크며 이외 P2P 대출 16%, 블록체인/암호화폐 13% 순으로 비중을 차지한다.

또한 P2P 대출 플랫폼업체의 경우 2017년에 3개에 불과했으나 2022년 현재 미등록 업체까지 포함하면 100여개로 급성장했다.

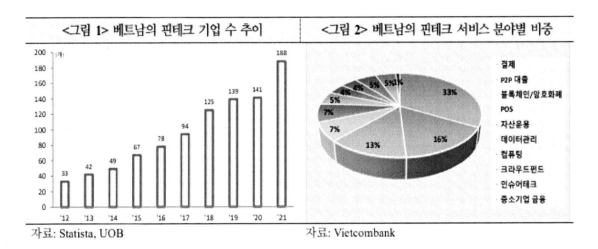

자료: Statista, UOB   자료: Vietcombank

2022년 9월 발간된 국제금융센터 보고서에 따르면 간편결제 분야(39개 업체)가 정부 정책에 힘입어 성장세가 가장 빠르다. 유니콘 기업인 VN페이, MoMo 등 2개사 모두 간편결제서비스 업체일 정도다.

베트남 최초의 핀테크 유니콘인 VN페이는 가입가치 10억달러, 회원수 1500만명의 QR코드를 활용한 전자결제서비스 업체이다. MoMo는 기업가치 20억달러에 회원수는 무려 3100만명의 전자결제 외 보험, 투자 등까지 아우른다. 그 뒤를 P2P 금융(23개 업체), 블록체인·가상자산(17개 업체) 분야가 각각 2~3위로 잇고 있다.

P2P는 문턱 높은 은행의 대출을 대체하고 있어 인기가 높다. 대표적인 P2P플랫폼으론 Tima를 꼽는다. 최근엔 로보어드바이저(6개 업체)와 크라우드펀딩(6개 업체)도 시장에서 관심을 끌고 있는 것으로 알려져 있다.

---

47) 베트남 핀테크 시장의 부상 및 전망/국제금융센터

베트남 전자상거래의 급성장세와 함께 핀테크 지원청책이 계속 강화될 것으로 보여 베트남 핀테크 시장전망은 밝다. 이에 전문가들은 2024년엔 시장 규모가 180억달러, 핀테크서비스 사용자는 7100만명, 간편결제는 2021~2025년 5년 동안 300% 증가할 것이라고 분석한다.[48]

2) 인도[49]

Research and Markets는 2020년 3월, 인도의 핀테크 시장 규모가 연 평균 22.7%씩 성장해 2019년 1조9201억 루피(한화 약 29조3007억 원)에서 2025년 6조2074억 루피(한화 약 94조7249억 원)까지 성장할 것으로 전망했다.

단위: 10억 루피

CAGR 22.7%

2019   2025

■서비스 사용자수

[그림 45] 인도 핀테크 시장 규모

인도의 주요 핀테크 산업 분야는 초반 핀테크 산업을 주도했던 'PhonePe', 'Paytm'과 같이 카드, 통합결제, 통합결제인터페이스(UPI), 모바일 뱅킹 등 디지털 활용 결제 서비스를 제공하는 디지털 지급결제(Digital Payments)분야와 그 뒤를 이어 발전해온 효율적 비용으로 자산관리 프로세스를 개선하는 서비스를 제공하는 웰스테크(Wealth Tech), 디지털 플랫폼을 통해 최신 금융기술을 접목한 간소화된 대출 서비스 제공하는 대출(Lending), 데이터 분석, 인공지능(AI) 등 정보기술(IT)을 활용하여 기존의 보험 산업을 혁신한 서비스를 제공하는 인슈어테크(InsurTech), Regulation과 Technology의 합성어로 금융회사의 내부통제와 법규 준수를 용이하게 하는 정보기술 서비스를 제공하는 레그테크(RegTech)로 크게 분류된다.

핀테크 전문 리서치사인 MEDICI Global.Inc.의 'India Fintech 2020' 보고서에 따르면 2020년 6월 기준 인도는 약 2174개의 핀테크 스타트업을 보유하고 있으며 그 중 67%가 지난 5년간 설립됐다.

인도에서는 2021년까지 핀테크 분야에서 11개의 유니콘 기업이 탄생했다. 그 중 8개의 스타트업이 코로나19로 심각했던 2020년 이후 유니콘 기업으로 등극했다. B2B 디지털 지급결제 핀테크기업인 Razorpay는 2020년 10월 Sequoia Capital 및 GIC로부터 약 1억 달러의 투자

48) [핀테크칼럼]베트남 핀테크의 급부상, 동남아 핀테크의 허브 가능성/전자신문
49) 세가지 키워드로 보는 2021년 인도 핀테크 트렌드/KOTRA & KOTRA 해외시장뉴스

를 받으면서 유니콘 클럽에 진입했다. 이후 2021년 4월, 동일 투자자로부터 1억6000만 달러를 추가로 투자받아 현재 약 30억 달러의 기업가치 평가액을 기록하고 있다.

벵갈루루에 기반을 둔 핀테크 스타트업 Cred는 2021년 4월 Falcon Edge Capital과 Coatue Management가 이끄는 시리즈 D단계에서 22억1500만 달러를 투자받아 기존 8억 달러였던 기업가치가 22억 달러로 크게 증가하여, 유니콘 기업으로 등극했다. 핀테크 스타트업 Groww 역시 2021년 4월, Tiger Global이 이끈 시리즈 D단계에서 8300만 달러를 투자받은 이후 기업 가치 평가액 10억 달러를 달성해 유니콘 기업이 됐다. Groww는 계좌 개설 후 뮤추얼펀드와 주식 거래를 온라인으로 할 수 있도록 하는 플랫폼으로, 900개 도시에 걸쳐 1500만 명의 사용자를 보유하고 있다.

인도에서는 2014년까지 해당 분야 투자액이 300억 달러(한화 약 40조 원)를 기록했고, 2021년 한 해에만 총 280건의 투자가 이루어져 80억 달러(한화 약 10조 6,000억 원)의 자금이 유입되었다. 인도에서는 도·소매업, 투자관리, 보험, 신용대출, 자기자본 조달을 중심으로 핀테크 혁신도 활발히 일어나고 있어 향후 금융서비스 분야의 발전 전망도 긍정적이다.

2015년까지 핀테크로 유입된 투자의 90% 이상이 대금결제나 대체금융 분야에 집중되는 경향을 보였으나, 최근 들어서는 인슈어테크, 웰스테크 등 이전보다 다양한 분야로까지 투자가 확산되는 추세이며, 인도 핀테크 산업이 지닌 엄청난 잠재력은 해당 분야 전반에 대한 투자 추이에서도 확연히 드러난다.

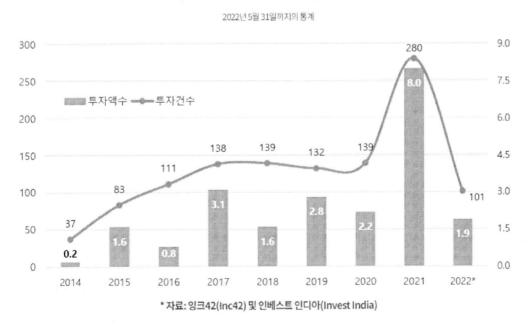

[그림 46] 인도 핀테크 스타트업 투자건수(좌변) 및 액수(우변, 단위: 10억 달러) 추이

인도에 소재한 많은 은행들도 사업 확장과 비용 절감을 위해 핀테크 기업과의 협력에 뛰어들고 있다. 은행이 핀테크 분야 투자를 통해 얻을 수 있는 혜택은 크게 두 가지인데, 먼저 투자

대비 수익률 제고를 기대할 수 있고, 여기에 더해 주요 스타트업과의 연대 강화를 바탕으로 향후 기업 생태계에서 전략적으로 유리한 고지를 점유할 수도 있다.

핀테크 도입이 인도에 가져온 다양한 경제적 혜택의 사례로는 금융 포용성 확대, 금융상품 및 서비스의 다양화, 금융서비스 효율성·접근성·가용성 향상, 고객 만족도 제고, 신용대출 효율 증대, 고객별 필요에 알맞은 상품 제공, 개선된 보증 모델 도입을 비롯한 리스크 관리의 진보, 그리고 레그테크 도입을 통한 규제 이행비용 절감 등을 들 수 있다.

지난 2016년 11월에 지하경제 척결을 위해 자국 화폐 고액권을 폐기하는 초강수를 둔 인도 입장에서 아직까지 디지털 대금 결제의 대중 보급률은 만족할 만한 수준에 이르지 못한 상태이며, 앞으로 디지털 대금 결제 시장의 성장에 대한 기대와 핀테크 활약의 잠재력은 여전히 높다. 이러한 측면에서 지난 10여 년간 인도의 대금결제 환경에서 디지털 결제의 비중이 크게 늘어나면서 결제건수는 50%, 결제금액은 6%의 연평균 성장률(CAGR, Compound Annual Growth Rate)을 기록한 사실은 고무적이다.

인도의 핀테크 도입지수는 2017년 52%에서 2019년 87%로 빠르게 성장했다. 약 전체 인구의 40%가 넘는 스마트폰 및 인터넷 사용자와 함께 이미 경쟁이 치열한 인도의 핀테크 산업은 코로나19로 인해 디지털화의 중요성이 부각됨에 따라 현재 세계에서 가장 빠른 속도의 성장과 진화를 보여주고 있다.

한편 핀테크 기업과 은행이 서로 협력적 관계를 구축하고 있는 핀테크 분야에서는 최근 이른바 빅테크(BigTech)라 불리는 기술 대기업들도 재빠른 기술 도입 전략을 바탕으로 시장에 진입하기 시작하면서 발전 속도가 더욱 빨라지고 있다. 상기 빅테크의 경우 신생 핀테크 기업과는 달리 다양한 서비스를 한군데 모아 제공하는 통합 서비스를 주력으로 하는 경향이 관찰된다.50)

3) 몽골51)

몽골 핀테크 시장의 태동은 2014년 은행 간의 소액 이체 및 즉시 입금 가능을 그 시작점으로 보고 있다. 2015년에 결제시스템이 정책화 되었고 2016년에는 결제 시스템 인프라 개선, 2017년도에 들어서 비로소 국가 결제시스템에 관한 법 제정 및 은행 외 금융기관의 디지털 화폐를 통한 결제를 가능케한 디지털 화폐 관련 규정 등이 제정되었다.

기술의 발전과 법제화의 속도 차이에 의해 몽골에서 금융규제위원회(Financial Regulatory Commission) 및 중앙은행에서 은행 외 기업이 디지털 결제를 활용해 교환, 이체, 결제 등의 서비스 제공이 가능한 특허 발급 및 취소 권한을 허용한 지는 3년여 밖에 되지 않았다.

---

50) 인도 핀테크 산업의 성장: 최근 시장 동향과 정부 규제 현황/KIEP 대외경제정책연구원
51) 몽골 핀테크 시장 동향/KOTRA & KOTRA 해외시장뉴스

최근에 들어와서 중앙은행에서 가상 자산에 대한 법안을 발의했으며 2021년 3월에는 금융 안정성 협의회에서 핀테크 신규 상품과 서비스 도입을 시장에 시험할 수 있는 기회 마련을 위해 Sandbox에 대한 규정을 제정했다. 가상 자산에 대한 법안은 곧 국회에서 다루어질 예정이며 Sandbox는 유효기간이 1년이며 1회 연장이 가능하다.

몽골 핀테크 시장은 아직 태동 단계로 해결해야 할 문제점이 아직 산적해 있다. 최우선적으로 전자서명 및 스마트 계약서를 법적으로 허용하여 비즈니스 활동에 필요한 시간을 단축시킬 필요가 있다. 또한 부실 대출 감소와 대국민 금융교육 향상을 위하여 정부 차원에서 핀테크 서비스 제공 기업들의 온라인 정보 데이터 인프라 구축 및 제공이 필요하다. 예를 들어 중국의 경우 정부차원에서 Ali Pay, Wechat Pay 등의 수수료를 면제함으로써 중국 전 지역에서 시간에 구애받지 않고 결제가 가능토록 한 것을 들 수 있다.

몽골에서는 금융규제위원회에서 영업허가를 받은 후 현지화인 투그리크와 동등한 디지털 화폐(Digital Money)에 대한 특허를 취득한 비은행금융기관들이 핀테크 시장에서 활발한 활동을 펼치고 있다.

몽골 정보통신규제위원회의 통계 자료에 따르면, 2020년 기준 몽골 이동통신 가입자수는 436만 명(몽골 인구는 약 335만 명이나 복수 가입자 존재)으로 조사되었으며, 이중 스마트폰 사용자수는 340만 명(Android 76%, IOS 19%, 기타 5%)으로 전년 대비 19만 명 증가하였다. 또한, 이들의 69%는 4G/LTE 등 높은 속도의 인터넷망을 이용 중으로 몽골 국민들의 스마트폰 사용률이 매우 높은 것으로 판단된다.

2020년 전체 인터넷 사용을 속도 기준으로 분류하면 3G 속도 사용 비중이 19%, 4G/LTE 속도 사용 비중은 81%로 나타나 대다수의 몽골 인터넷 사용자들이 고속의 인터넷 환경을 이용 중인 것으로 파악된다.

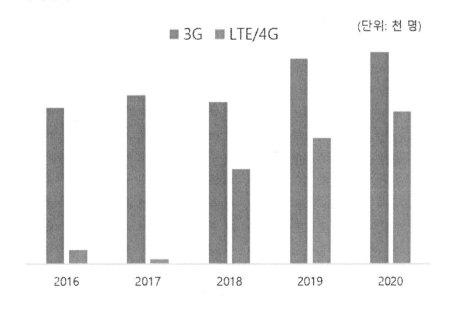

[그림 47] 2016년 ~ 2020년 3G 및 4G/LTE 이용자 수

몽골 핀테크 시장은 LendMN, Steppe group, Trademn, Mostmoney, Mobi Finance, Grapecity, Zeelmn, Storepay, Zeely, Hipay 등 총 20여 개 기업이 활동중이며, 핀테크 기업들의 창업 등으로 동 시장은 급성장중이다. 몽골 중앙은행에서 2021년 3월 10일 기준 총 30개사(중복)가 금융관련 영업 허가를 취득했으며, 이들 중 카드 발급 허가 14개사(47%), 디지털 화폐 기업 6개(20%), 카드결제서비스 제공 기업 7개(23%), 이동형 뱅크 1개사(3.3%), 시스템 운영 기업 1개(3.3%), 결제대행기업 1개(3.3%) 등으로 핀테크 기업은 약23%(7개사)로 확인되고 있다.

몽골은 소셜 미디어 사용 및 금융서비스 이용도가 높은 국가이다. ①페이스북 적극 이용자 220만명 ②전체 페이스북 사용자의 99%가 스마트폰을 통해 이용 ③모든 인구가 금융기관 계좌 보유 ④전체 인구의 17%가 온라인 거래 및 온라인 결제 방식 이용 ⑤전체 인구의 22%는 은행계좌를 스마트폰과 연동하여 적극적으로 이용 등 핀테크 시장이 발달할 수 있는 기초 환경이 이미 준비된 유망한 시장이다.

특히 코로나19로 인한 락다운 조치 및 금융기관 영업시간 단축 등으로 인해 스마트폰을 통한 비대면 온라인 금융서비스 수요가 더욱 증가하였다.

4) 일본[52]

최근 글로벌 빅테크 기업의 잇따른 일본 핀테크 스타트업 인수 합병(M&A) 소식이 화제를 모으고 있다. 2022년 9월 미국 최대 간편 결제 기업 페이팔(Paypal)이 일본의 핀테크 스타트업 '페이디(Paidy)'를 27억 달러(약 3조 1680억 원)에 인수하고 일본 시장에 본격적으로 진출할 계획이라고 밝혔다. 페이디는 후불 결제 시스템(BNPL*)을 제공하는 핀테크 기업으로, 2022년 3월 약 1,380억 엔 규모의 투자를 유치하고 기업가치를 13억 달러(약 1조 5210억 원)로 평가받아 유니콘 기업(기업가치가 10억 달러 이상의 비상장기업)의 반열에 올랐다.

페이팔은 투자설명회에서 '지난 10년 간 일본의 온라인 쇼핑 시장 규모는 3배 이상 증가해 약 2,000억 달러가 되었지만, 전체 거래의 3분의 2이상이 여전히 현금으로 거래되고 있다'라고 설명하며 이번 인수가 일본에서 페이팔의 영향력을 확대하는 데 도움이 될 것이라고 강조했다.

2022년 7월 미국 IT대기업 구글은 일본의 스마트폰 간편 결제 기업인 '프링'을 약 200~300억 엔 규모에 인수하고 2022년을 목표로 일본 내 송금ㆍ결제 서비스를 개시할 예정이라고 밝혔다. 애플은 2016년부터 일찌감치 일본 시장에 진출해 스마트폰 간편결제 '애플페이'와 일본의 교통카드 '스이카', '파스모'와 연동해 결제 및 충전 서비스를 제공하는 등 시장에서의 입지를 적극적으로 구축해나가고 있다.

---

52) 글로벌 빅테크 기업이 일본의 핀테크 시장을 탐내는 이유/KOTRA & KOTRA 해외시장뉴스

이처럼 일본 핀테크 시장의 성장 가능성을 보고 일본 시장에 문을 두드리고 있는 글로벌 기업이 늘고 있다. 일본은 주요 선진국 중에서도 캐시리스 결제(비현금 결제)의 발달이 늦어 시장 개척의 여지가 높다고 판단한 것으로 보인다.

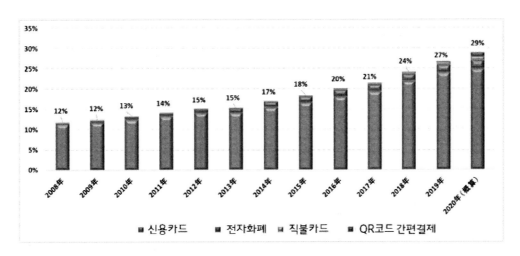

자료: 일본 내각부, 캐시리스추진협의회, 일본은행, 일본신용협회 데이터

[그림 48] 일본의 캐시리스 결제 추이 (단위:%)

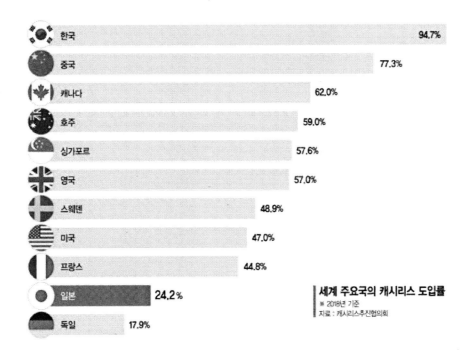

[그림 49] 세계 주요국의 캐시리스 도입률

일본의 2015년부터 2019년까지 캐시리스 결제 현황을 살펴보면, 캐시리스 결제 비율이 점차 증가해 2020년에는 29%에 달할 것으로 추정되지만, 여전히 30%에 미치지 못해 주요 선진국에 비해 낮은 수준이다.

일본은 전체 캐시리스 결제수단 중 신용카드가 차지하는 비중이 가장 크고, 이를 중심으로 캐시리스화가 진전돼 왔다. 일본의 캐시리스 결제비율의 세부내역을 구체적으로 살펴보면 2019년 기준으로 전체 캐시리스 결제수단 가운데 신용카드가 차지하는 비중이 24.0%로 가장 크다. 이어 전자화폐(1.9%), 직불카드(0.56%), QR코드 결제(0.31%)의 순이다.

코로나19 이후 일본 내에서도 비접촉 결제를 선호하는 소비자가 늘어나면서 QR코드 결제가 급속도로 확산되며, 2020년 일본 내 QR코드 송금건수는 4만4329건으로 2년 전(2573건)보다 무려 17배 증가했다. 일본 내 QR코드 결제 서비스가 급속도로 보급된 요인 중 하나는 소프트뱅크그룹과 NTT도코모, 라쿠텐그룹 등 일본을 대표하는 대기업 통신사 및 인터넷기업이 포인트 환원 등 공격적인 캠페인을 펼친 요인도 작용했다.

신용카드사 비자는 2020년 신용카드의 비접촉 터치 결제 서비스를 제공해 화제가 된 바 있다. 2020년 3월 기준 비자의 터치 결제 대응 카드의 발행이 2,390만장을 넘어섰고 카드 이용 가능 점포도 음식점, 약국, 서점, 백화점, 상업 시설 등으로 확대되고 있다. 개인정보에 민감한 일본 국민을 캐시리스로 끌어오려면 고객의 편의성 확보와 동시에 개인정보가 외부로 유출되지 않도록 고객 데이터의 철저한 보호 및 관리가 선행돼야 한다는 지적이다.

실제로 2020년 일본의 대기업 통신사 NTT도코모에서 고객의 개인정보가 외부로 유출돼 자금이 부정하게 인출되는 사건이 발생하기도 했다. 세븐일레븐도 2019년 공개한 점포 내 대면 결제용 모바일 앱 '7페이'에서 50만달러가 불법으로 사용돼 서비스 시작 후 3개월을 넘기지 못하고 완전히 폐지됐다.

2022년11월 27일 현지 보도에 따르면 일본은행은 디지털 엔화 발행을 위해 3개 대형은행 및 지방은행과 실증실험을 하기 위한 조율에 들어갔다. 중앙은행인 일본은행은 2023년 봄부터 민간은행 등과 협력해 은행계좌 입출금 등 디지털화폐(CBDC) 거래에 지장이 없는지 검증키로 했다. 약 2년 동안 실증실험을 거친 후 2026년께 CBDC 발행 여부를 판단할 계획이다. 최종 검증인 만큼 이번 실험에는 기업과 은행은 물론 일반 소비자도 참여할 것으로 알려졌다.

디지털 엔화를 발행하면 소비자는 스마트폰의 특수 앱에서 디지털 엔화를 사용할 수 있다. 당국은 자연재해와 같은 비상 상황에서도 CBDC를 사용할 수 있고, 위조 또는 사이버공격으로부터 보호할 수 있는지를 중점 평가할 방침이다.

중앙은행이 발행하는 CBDC는 민간의 전자화폐와 달리 자금을 즉시 주고받을 수 있고, 외상 매출금도 발생하지 않아 결제비용 절감 효과가 있다.

국제결제은행(BIS)에 따르면 전 세계 중앙은행의 약 90%가 CBDC 관련 연구에 착수했다. 미국 연방준비제도(Fed)가 실험을 진행 중이며, 유럽중앙은행(ECB)은 디지털 유로의 타당성을 검토하고 있다. 중국 인민은행도 이미 디지털 위안에 대한 시범 프로그램을 시작했다. 일본은행도 지난해부터 CBDC 발행 및 유통에 관한 내부 검증을 해왔다.[53]

---

53) 닻올린 일본의 디지털화폐 실험…굳건한 '현금사랑' 무너뜨릴까 [글로벌 리포트]/파이낸셜뉴스

5) 말레이시아[54]

국제 금융 정보 기업인 디나르 스탠더드(DinarStandard)가 발표한 세계이슬람경제 현황보고서(State of the Global Islamic Economy Report 2022)에 따르면, 2021년도 기준 전 세계 이슬람 금융 자산 규모는 3조 6,000억 달러(한화 약 4,454조 9,460억 원)로 추산된다. 그리고, 이슬람경제의 2025년까지 연평균성장률(CAGR, Compound Annual Growth Rate)은 8%대에 이르러 4조 9,000억 달러(한화 약 6,098조 3,261억 원)의 거대 시장으로 발전할 것으로 기대된다.

국제 신용평가사인 무디스(Moody's)는 말레이시아가 수쿠크(sukuk) 발행액 기준으로 글로벌 이슬람 금융 시장 선도국이 될 것으로 보고 있다. 무디스는 2021년 전 세계 수쿠크 발행액은 최대 2,000억 달러(한화 약 248조 8,365억 원)로 추산하고 있다. 말레이시아는 2020년 기준으로 656억 달러(한화 약 81조 6,238억 원) 규모의 수쿠크를 발행하여, 전 세계 수쿠크 발행량의 32%를 차지하는 최대 발행국가다. 무디스는 2020년까지 말레이시아의 수쿠크 발행액 성장률이 대형 국부펀드(sovereign funding) 수요에 힘입어 15%나 성장한 것으로 평가하고 있다. 수쿠크는 이슬람 국가에서 발행하는 채권으로, 이자를 금지하는 이슬람 율법에 따라 채권 발행 자금을 실물에 투자하여 수익금을 배당 형태로 투자자들에게 지급하는 금융 방식이다.

한편, 말레이시아는 디나르 스탠더드가 집계한 글로벌 이슬람경제지표(Global Islamic Economy Indicator)에서 조사 대상 81개국 및 지역 가운데 9년 연속 1위를 차지했다. 이는 폭발적으로 성장하고 있는 말레이시아의 이슬람 금융과 할랄 제품 및 서비스 부문에 힘입은 것으로 평가되고 있다. 디나르 스탠더드는 시장 규모, 혁신, 이슬람 율법과 관련한 규제 활동 영역 등을 종합적으로 평가하여 글로벌 이슬람경제지표를 매년 작성·발표한다. 특히, 무슬림 친화 관광, 미디어, 레크리에이션(recreation) 분야에서 말레이시아가 독보적인 위치를 차지하고 있다. 말레이시아는 해당 지표의 제약과 패션 및 화장품 분야에서도 10위권에 이름을 올렸다.

말레이시아에서는 국내 및 글로벌 이슬람 금융 핀테크(fintech) 기업 30여 개사가 활동하고 있다. 그중에서도 헬로 골드(Hello Gold), 와헤드 인베스트(Wahed Invest), 마이크로립(MicroLeap), 에티스 벤쳐(Ethis Venture) 등은 핵심 디지털 서비스 제공자로서 자리매김했다. 2020년 최초로 개최된 이슬람 핀테크 위크(IFW, Islamic Fintech Week) 서밋을 통해 발표된 보고서에 따르면, 말레이시아 디지털 경제 규모는 2022년에 국내총생산(GDP) 대비 21%로 성장할 것으로 보인다. 말레이시아의 이슬람 은행 대출성장률은 2018년 기준 8.9%였으며, 이는 같은 연도에 일반 시중은행 대출성장률 2.5%를 크게 앞서는 수치다.

2021년 말레이시아 이슬람 자본시장 규모는 전년 대비 8% 성장하여 2조 링깃(한화 약 576조 3,983억 원)에 이르렀다. 이는 말레이시아 자본시장 전체 성장률 3%를 훨씬 뛰어넘는 수준이다. 말레이시아 중앙은행과 증권위원회(SC, Securities Commission)는 말레이시아 디지털경제공사(MDEC, Malaysia Digital Economy Corporation)를 통해서 국내 핀테크 산업 성장을

---

54) 말레이시아 핀테크 시장현황/KOTRA & KOTRA 해외시장뉴스

지원하고 있다. 일례로 디지털 금융 포용(Digital Financial Inclusion) 정책을 들 수 있는데, 소득수준 하위 40%(B40) 계층과 영세·중소기업이 핀테크를 이용한 금융서비스에 접근할 수 있도록 각종 정부와 지식을 제공한다.

말레이시아 중앙은행과 MDEC는 핀테크 부스터(FinTech Booster) 프로그램을 통해서 국내에서 활동하는 핀테크 기업을 지원하고, 이들의 제품·서비스 품질 향상을 도모하고 있다. 이와 관련하여 2021년 3월 기준 6개의 공공 워크숍(workshop)과 19개 민간 워크숍이 개설되었으며 400개의 연관 프로그램이 등록되어 있다.

한편, 말레이시아 증권위원회는 2021년 5월 유엔 자본개발기금(UNCDF, United Nations Capital Development Fund)과 협약을 체결하고, 말레이시아 이슬람 자본시장에서의 핀테크 기업들이 혁신을 이룰 수 있도록 생태계를 구축하기로 합의했다. 이에 따라 이슬람 핀테크 촉진화 프로그램(FIKRA, Islamic Fintech Accelerator Programme)이 발족됐다. FIKRA는 이슬람 핀테크 솔루션의 혁신도를 측정하고 금융 접근성과 사회적 금융 통합(social finance integration) 등 과제에 대응하는 데 도움을 제공하는 것을 목적으로 한다.[55]

6) 필리핀

필리핀은 약 7000개의 섬으로 이루어져 있으며, 인구 대부분 농어촌 지역에 거주해 지리적으로 은행 접근성이 떨어진다. 필리핀 금융시장은 은행 계좌 신청 및 보유에 대한 까다로운 기준, 높은 수수료와 대출제한 등 일반인의 진입장벽 높다.

2022년 9월 알리바바의 금융계열사인 Ant Group은 최근 필리핀 GCash, 말리이시아 Touch'n Go, 홍콩 Alipay HK, 태국 TrueMoney 등 4개의 동남아시아 대표적인 모바일 간편결제를 한국에서 사용 가능하다고 발표했다. 단, 이 결제방식은 Alipay+ 플랫폼을 통해 12만여 가맹점에서 국제결제 가능하다.

필리핀에서 융합형 금유서비스인 핀테크가 급속히 발전하고 있다. 특히 모바일 간편결제가 전국민 스마트폰 보급화와 함께 온·오프라인 환경에서 일반화된 방식으로 확산되었다.

코로나19 기간동안 필리핀인의 47%가 모바일에 의한 간편결제 방식을 처음 사용하였으며, 26%가 QR코드 결제 방식을 처음 사용하였다. 또한, 동기간 온라인상거래와 SNS를 처음 접한 인구가 46%이며, 45%가 택배 서비스를 이용한다.

World Bank, 2022 자료에 보면, 2020-2022년 팬데믹기간중 은행계좌가 30%대 초반대에서 정체되고 있음을 알수 있다.

2022년 4월 필리핀 중앙은행이 발표한 모바일화폐 취급기관은 모바일 지갑(EMIs) 42개 기관, 은행·카드 온라인(EMI-Banks) 취급기관 29개이다.

---

55) 경제 발전의 핵심 동인 말레이시아 이슬람 금융 산업/비즈니스 인사이트

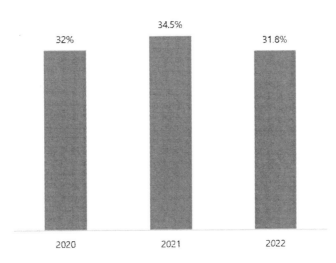

[그림 50] 15세이상 필리핀인 은행계좌 보유비율 (statista, 2022)

플랫폼명	특징	사용처
GCash	- 필리핀내 점유율 1위로, 필리핀 중앙은행에서 규제하고 있음 - Alipay, Ayala Group, Globe Telecom의 합작투자회사	- 청구서 지불, QR결제, 영화예약, 송금, 필리핀 전역의 15,000개 이상의 제휴매장에서 쇼핑
GrabPay	- Mastercard와 협력하여 출시	- 택시, GrabFood배달, 계좌이체, 식료품, O2O 플랫폼 포괄
Paymaya	- 2007년에 설립되었으며, PLDT와 스마트 통신회사가 지배주주	- 쇼핑, 청구서지불, 라이브콘서트, 게임머니 구매, 항공권예약, 송금, 음악 스트리밍
Coins.PH	- 2014년에 설립되었으며, 필리핀에서 16백만명의 사용자를 보유	- 비트코인, 비트코인캐시(BCH), 이더리움(ETH), 리플(XRP)과 같은 암호화폐를 사고팔수 있는 암호화폐앱, 모바일선불권 구매, 청구서 지불, 외식 및 각종 여가비용 지불, 온라인쇼핑, OTT 시청, 송금 등
Banko	- 필리핀 BPI은행과 Ayala기업 및 Globe통신사간 파트너십을 통해 2009년 설립 - 필리핀의 유일한 모바일 기반 저축은행	- 온·오프라인 쇼핑, 모바일 선불권 구매, 청구서지불, 현지 및 국제송금
CLiQQ	- 7ELEVEN의 적립식 포인트에서 시작하여 디지털결제기능까지 탑재	- 7-Eleven에서 사용가능하며, 모바일 선불권 구매, Wifi 인터넷 이용권 구매, 청구서 지불 등
PayPal	- 필리핀 현지 및 국제적으로 널리 사용되고 있는 범용적인 플랫폼	- 청구서 지불, 모바일 선불권 구매 가능, 현지화된 기능은 다소 부족

[그림 51] 필리핀의 대표적인 디지털 금융 플랫폼간 비교

필리핀은 국민의 약 1/3만이 은행계좌를 소유하고 있으며, 국민 대다수가 현금지불을 선호하고 있으나, 디지털 금융 플랫폼들이 여러 형태로 진화 발전하고 있어 모바일 간편결제 시장의 발전 가능성과 잠재력 풍부하다. 은행계좌에 비해서 발전 속도가 빠른 디지털 금융 플랫폼인 모바일지갑 사용자수는 현재 2,500 만명이지만 향후 5년간 지속 발전할 것이다.[56]

7) 독일[57]

독일에서 금융산업은 가장 보수적인 산업 중 하나이며, 현금을 선호하고 금융 기술에 대한 의심이 깊은 독일인의 성향 때문에 기술과 금융 기술이 결합한 핀테크 산업 활성화가 더딘 편이었다. 그러나 2015년부터 독일에 스타트업 붐이 불면서 핀테크 기업 수가 크게 늘어남과 동시에 시장 규모도 2015년 23억 유로에서 2019년 523억 유로 규모로 약 23배 성장했다. 결재 서비스 관련 기업이 가장 많은 반면, 로보어드바이저 산업이 비약적인 성장세를 보였다.

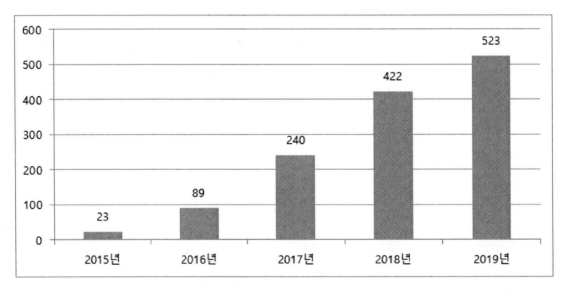

자료: 독일 2020년 핀테크 시장(Der deutsche FinTech-Markt im Jahr 2020)

[그림 52] 독일 핀테크 기업 분야별 분류 (단위: 개)

2020년 상반기 기준 독일에는 핀테크 기업 694개가 소재하며, 이 중 결제서비스가 147개 기업으로 가장 많으며, 검색 엔진 및 비교 포털이 92개, 금융 기술/IT 및 인프라 78개 기업이 있다.

2015년 이후 디지털 기기 및 애플리케이션 활용이 익숙하고 수수료를 절감하고 싶은 젊은 세대의 핀테크 기업 활용이 증가하면서 핀테크 시장 규모가 급성장하고 있다. 2019년 시장

---

56) 필리핀 모바일 간편결제 현황과 전망/한국관광공사
57) 독일 핀테크 산업 규모, 4년 만에 23배 성장/KOTRA & KOTRA 해외시장뉴스

규모는 523억 유로로 증가했으며, 이는 최근 5년간 연간 약 120%의 성장을 했다. 이는 2015년 대비 23배 규모로 성장했으며 독일 정부는 2035년 핀테크 시장이 1,500억 유로 규모로 성장할 수 있다고 전망했다.

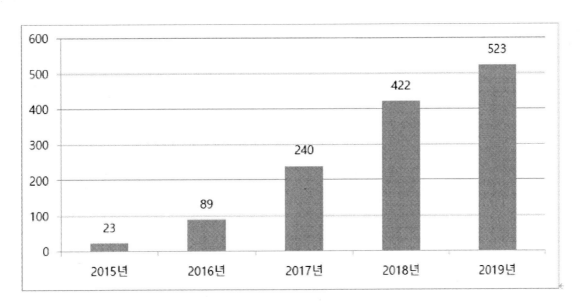

자료: 독일 2020년 핀테크 시장(Der deutsche FinTech-Markt im Jahr 2020)

[그림 53] 독일 핀테크 시장 규모 (단위: 억 유로)

코로나19 사태를 통해 핀테크 기업은 수혜자가 되었다. 독일인들이 코로나 감염 위험 때문에 현금 사용을 최대한 자제하고 카드, 온라인 등 접촉이 필요 없는 디지털 결제 서비스 방법을 선호하게 된 것이다.

컨설팅기업 EY가 2020년 말 실시한 설문조사에 따르면, 은행 거래를 대부분 온라인으로 한다는 답변이 75%였다. 또한 코로나19 사태 이후 설문 응답자 중 25%는 '직불 및 신용카드를 더 자주 쓴다' 라고 답했으며, 16%는 '현금 소비가 줄었다', 14%는 '인터넷 주문의 빈도가 늘었다'고 답하는 등 디지털 금융 사용 빈도가 증가했으며, 18~29세 응답자의 경우 이 비율이 더 높았다.

독일에서는 1월 1억1000만 유로의 투자 유치에 성공한 맘부(Mambu)가 화제가 되었다. 투자자들은 맘부의 가치를 17억 유로로 측정해 맘부는 '유니콘' 기업 지위를 획득함과 동시에 독일 온라인 은행 N26를 뒤를 이어 독일에서 두 번째로 가치가 높은 스타트업이 되었다.

2011년에 설립된 맘부는 각국 은행들이 자체 디지털 뱅킹 플랫폼을 개발할 수 있도록 소프트웨어를 판매하는 업체다. 스페인 국적의 글로벌 은행 산탄데르, 네덜란드 ABN 암로은행, 독일 모바일 은행 N26, 영국 최초 클라우드 기반 은행 오크노스, 핀란드 국적 모바일 금융업체 페라텀 등이 이 회사의 주요 고객이자 전략적 제휴 파트너이다.

맘부는 신규 조달 자금으로 브라질, 일본, 미국 등 입지 확대에 사용할 계획이다. 현재 이 회사는 미국 내 뉴욕·마이애미·오스틴·아틀란타를 비롯해 시드니, 런던, 두바이, 암스테르담 등 각국에 20개 이상의 지사를 운영 중이다. 맘부 핵심 관계자는 현재 500명 수준의 고용 인력을 올해 안에 두 배 수준인 1000명대로 늘릴 계획이라고 밝혔다.

로보어드바이저 기업은 2013년만 해도 거의 전무했으나 최근 몇 년간 폭발적으로 성장했으며, 코로나19 이후 비대면 금융거래가 확대됨에 따라 높은 성장을 지속할 전망이다.

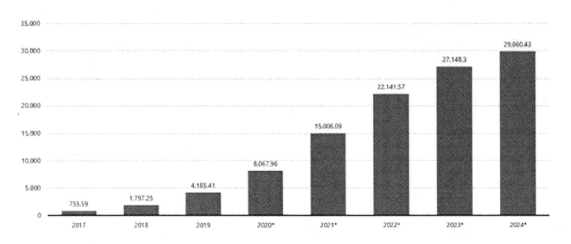

자료: Statista

[그림 54] 2017~2024년 독일 로보어드바이저 운용 자산 규모 (단위: 백만 유로)

독일에는 현재 30여 개의 로보어드바이저 기업이 경쟁하고 있으며, VC 투자를 받은 스타트업과 기존 금융 기관이 만든 자회사로 구분된다. 최근 유럽 최대 금융기관인 도이치뱅크(Deutsche Bank)도 최근 ROBIN이라는 로보어드바이저를 상용화하는 계획을 밝혀 이슈가 됐다.

그러나 아직 독일 로보어드바이저 시장은 걸음마 단계에 있다. 독일 로보어드바이저 기업이 운용하는 자산은 2017년 대비 거의 10배 수준으로 증가했고 유럽에서는 영국 다음으로 규모가 큰 시장이나 독일 펀드 자산인 3조3000억 유로에 비교하면 아직도 0.25% 수준에 불과하다. 또한, 가장 규모가 큰 기업이 운용하는 금액도 30억 유로에 불과하고 5억 유로 이상 운용하는 기업도 5개밖에 없으며, 독일 최대 10대 기업 중 2013년 전 설립된 기업은 없다.

2000년대부터 산업이 발달한 미국 로보어드바이저 기업이 총 6000억 유로를 운용하는 점을 감안하면 독일 로보어드바이저 시장의 성장 잠재력은 매우 높다.

순위	회사명	운용자산	설립연도
1	Scalable Capital	30	2016
2	Visualvest	10	2016
3	Raisin Invest	8	2016
3	Cominvest	8	2017
5	Liqid	7.5	2018
6	Quirion	6.3	2014

자료: Extra Magazin(2020년 말 기준)

[그림 55] 독일 최대 로보어드바이저 규모 및 창립 연도 (단위: 억 유로)

독일에서 가장 규모가 큰 스케일레블 캐피털(Scalable Capital)의 경우, 2014년 설립된 스타트업이며 뮌헨과 런던에 직원 100여 명이 근무하고 있다. 최소 투자자산 1만 유로부터 고객이 될 수 있으며 최초 투자금액, 매월 적립 금액 및 리스크 한도만 정하면 스케일레블의 AI 알고리즘이 자동으로 투자자산 선정, 거래 및 리스크 관리를 한다. 연 보수는 총 자산의 0.75%이다. 34개의 맞춤형 투자전략을 제공하며 17개 ETF에 투자하는 비중을 조절해 투자자가 원하는 리스크 성향을 반영한다. 대면 고객상담은 제공하지 않지만 콜센터를 운영하며 온라인채팅, SNS로 고객들과 소통한다.

5. 핀테크 투자 동향

5. 핀테크 투자 동향[58]

한국핀테크지원센터가 조사한 '2021 핀테크 산업현황 조사' 보고서에 따르면, 핀테크부문 평균투자유치액은 2019년 2.3억 원에서 2020년 27.2억 원으로 급성장한 후 2021년 27.2억 원을 달성하며 2년간 약 11.7배 증가했다.

투자자는 핀테크 기술분야 대비 서비스 분야에 더 많은 투자금을 유치하고 있으며, 서비스분야 중 자금중개(2019년), 지급결제(2020년), 디지털자산(2021년) 분야 핀테크 기업을 중심으로 투자가 진행됐다. 특히, 디지털자산의 경우 2021년 평균 724.3억 원의 투자금을 유치하며 2019년 6.7억 원에서 약 109배 증가하며 가장 높은 성장률을 보인다.

기술분야에서는 인공지능 기술에 대한 평균투자유치금에 대한 성장이 가장 뚜렷하게 나타났으며, 인공지능 기술을 보유한 기업은 핀테크 부문에서 2019년 약 5천만 원에서 2021년 61.7억 원으로 유치하며 연평균 10배의 성장률을 보였다. 이는 최근 데이터 산업이 발전함에 따라 머신러닝, 자연어처리 등 AL 기술이 다양한 분야로 접목되고, 코로나19로 인한 비대면 채널에 대한 집중도가 높아짐에 따라 투자자의 관심도 증대를 주요 원인으로 볼 수 있다.

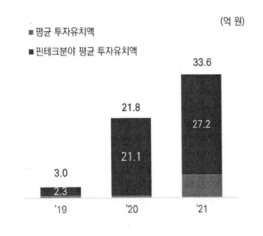

Source: 한국핀테크지원센터(2022), '2021 핀테크 산업현황 조사'

[그림 58] 2019-2021 핀테크
투자유치액(평균)

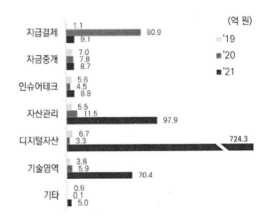

Source: 한국핀테크지원센터(2022), '2021 핀테크 산업현황 조사'

[그림 57] 산업분야별 핀테크
투자유치액(평균)

---

58) 2022 한국 핀테크 동향보고서/한국핀테크지원센터

6. 인터넷 전문은행

6. 인터넷 전문은행

금융관련기관		
중앙은행·금융위원회·금융감독원·금융결제원·예금보험공사		
국가기관	우체국예금보험	
지주회사	금융지주회사(금산분리)	
제 1금융권	은행(지방은행·인터넷전문은행), 농협은행·수협은행	
제 2금융권	금융투자회사	증권사, 자산운용사, 선물회사, 신탁회사, 종합금융회사(단 자회사), 투자자신문사, 사모펀드, 벤처캐피탈
	보험사	생명보험사, 손해보험사, 재보험사
	여신전문 금융회사	신용카드사, 리스사·할부금융사, 신기술금융사
	상호금융	농·축협·회원수협·신협·산림조합, 새마을금고, 상호저축은행[59]
기타 사금융	사채(일수), 유산수신업체	

[표 8] 금융 관련 기관 표

59) 나무위키

가. 개요

인터넷 전문은행이란 온라인으로 모든 은행 서비스를 제공하는 것으로, 2015년 11월 은행법 개정안에 따른 정의는 '은행업을 전자금융거래 방법으로 영위하는 은행'을 의미한다. 해외의 경우 일본, 중국, 미국, 유럽 등에서 이미 운영 중이다. 중국은 WeBank(텐센트)와 MyBank (알리바바)가 2015년 생겨났고, 영국의 First Direct[60]도 이에 해당한다. 미국의 유명 인터넷 은행으로는 Charles Schwab Bank[61]이고, 일본에는 Daiwa Next Bank[62]가 모기업인 다이 와증권의 지원으로 성행하고 있다. 유럽 및 호주에서는 네덜란드계 ING Direct가 유명하다.

해외의 유수 인터넷은행은 영업지점을 아예 없애거나 대도시에 한두 지점만 여는 방식으로 경영비용을 절감한다. 그래서 대체로 인터넷은행의 이율은 전통적인 은행보다 더 높다. 또한 자체적인 ATM 네트워크를 운영하지 않는 대신 ATM 수수료를 캐시백 해주는 방식으로 고객 을 모은다.

최근 핀테크의 발전으로 금융과 IT의 융합이 가속화되는 가운데, 성장성 및 수익성 둔화에 직면한 은행업의 경쟁력 강화 및 소비자 편의성 제고 차원에서 인터넷 전문은행의 중요성이 재차 부각되었다. 이에 금융위원회는 2015년 6월 18일 인터넷전문은행 도입방안 발표를 통해 본격적으로 인가를 위한 작업에 시동이 걸렸으며 동년 9/30~10/1일 예비인가 신청접수를 받 음에 따라, 한국카카오 은행, 케이뱅크 은행, 아이뱅크 은행의 세 신청자가 신청서를 접수하였 다.

이후 11월 29일 예비인가 결과가 나옴으로써 아이뱅크 은행을 제외한 한국카카오뱅크, 케이 뱅크 두 곳이 외부평가위원회의 예비인가 권고 및 금융위원회의 예비인가 결정을 얻어 영업을 시작하게 되었다. 2015년 11월 29일의 금융위원회 은행업 예비인가는 23년만의 은행 설립인 가가 된다. 이후 케이뱅크는 2016년 12월 은행업 본인가를 받아 2013년 4월 출범하였으며, 카카오뱅크는 2017년 4월 은행업 본인가를 받아 2017년 7월부터 영업을 시작했다. 2개의 인 터넷전문은행이 영업을 시작한 이후 빠른 속도로 고객을 유치하는 등 금융소비자들이 많은 관 심을 보이고 있다. 출범 1년 만에 고객수 700만명, 총 대출액 8조원에 이르고 있는 등 외적인 규모에서는 크게 성장하고 있다.

---

60) 1989년
61) 2003년
62) 2011년

인터넷전문은행(정부안)		일반은행(현재)
비금융주력자 (산업자본) 지분보유 한도	34% (자산 5조원 이상 상호출자제한 기업진단은 제외하나 정보통신업 주력그룹[63])에 한해 허용)	4%
최저자본금	250억 원	시중은행 1000억 원, 지방은행 250억 원
대주주 신용공여 한도	금지	자기자본의 25% 및 지분율 이내
영업범위	일반은행과 동일 (기업에 대한 신용공여 금지하나 소상공인·자영업자·중소기업에 대한 신용공여는 예외적 허용)	여수신 등 고유 업무와 신용카드업 등 겸영업무, 채무보증 등 부수업무 [64]

[표 9] 인터넷 전문은행 도입방안

한국은 인터넷전문은행의 추진 과정에서 ICT기업의 진출을 독려하기 위해 비금융주력자 지분보유 한도에 있어서 정보통신업 즉, ICT를 주력으로 하는 그룹에 한해서는 규제를 완화했다.

또한, 최저자본금을 영업점포가 없다는 특수성을 감안하여 요건을 완화했는데, 기존 500억원에서 지방은행과 동일한 250억 원으로 하향조정했으며, 이용자 보호를 위해 불가피한 경우에는 대면영업을 예외적으로 허용했다. 대면영업이 허용되는 경우는 장애인, 65세 이상의 노인 또는 전자금융거래의 방법으로 거래를 시도하였으나, 법령·기술상 제약으로 거래를 최종 종료하기 어려운 경우다.

또한 대주주와 관련된 규제를 일반은행보다 강화하여 대주주의 사금고화 가능성을 원천 차단했다. 이를위해 대주주에 대한 신용공여, 대주주가 발행한 지분증권의 취득을 원칙적으로 금지했으며, 대주주와의 모든 거래를 금지했다.

---

63) 정보통신업 주력그룹은 기업진단 내 정보통신업 주력 기업 자산 합계액을 기업집단 내 비 금융회사 자산 합계액으로 나눈 값이 50이상인 그룹이다.
64) 금융위원회

나. 은행 비교

인터넷전문은행은 지점망 없이 운영되는 저비용 구조로, 기존 은행에 비해서 각종 수수료를 최소화 하면서도 수익을 낼 수 있는 구조로 은행이용자에게 보다 높은 예금금리, 낮은 대출금리, 저렴한 수수료 제공이 가능하다는 장점이 있다. 또한, 물리적인 점포가 없기 때문에 가격 경쟁력 면에서 기존 은행들에 비해 우위를 가진다.

예를 들어, 은행의 지점 유지비(인건비, 임대료 등)는 은행 전체 비용의 20% 정도를 차지한다. 이를 줄일 수만 있다면 소비자에게 더 매혹적인 금리 등을 제공할 수 있는 장점이 있다. 또한, 인터넷만 가능하다면 스마트폰을 이용하여 영업시간과는 상관없이 언제 어디서든 은행업무를 처리할 수 있기 때문에 훨씬 뛰어난 접근성을 가진다고 볼 수 있다. 마지막으로, 기존 은행의 대기 시간 문제를 해결하여 효용성을 증대시킬 수 있다. 이러한 장점들을 바탕으로 이미 해외 여러 국가의 인터넷 전문 은행들은 꾸준히 성장하고 있는 추세이다.

문제는 ICT 기반의 인터넷은행은 대부분 온라인으로 이루어지기 때문에 비대면에 따른 보안상 문제점을 어떻게 풀어내느냐는 것이다. 금융위원회에 따르면 국내 인터넷전문은행 설립을 위한 중요한 요건으로 네트워크, 백업체계 및 차별화된 보안체계를 요구하고 있다. 인터넷전문은행의 성공 여부는 모든 업무가 인터넷으로 이루어지기 때문에 강력한 사이버 보안기술과 정책이 필수적으로 수반되어야하며 튼튼한 고객 기반과 고객의 니즈, ICT 기반 기술에서 경쟁력에 좌우된다.

분야	기존은행	인터넷전문은행
인터넷 금융거래	인터넷을 보조적 영업채널로 간주 (조회 및 이체거래)	인터넷을 주 채널로 영업하며, 모든 거래가 인터넷을 통하여 이루어짐
영업 기반 지역	지역 점포를 중심으로 해당 지역 기반을 두고 있는 고객 중심	해당 국가 또는 전세계
영업시간	인터넷뱅킹의 조회, 이체를 제외하고 영업시간 제외	24시간 영업체계를 통한 고객의 시공간적인 접근향상
업무범위	금융과 관련한 대부분 업무를 취급	지급결제, 소액대출, 신용카드 등 업무 특화(Niche Marketing) [65]

[표 10] 기존은행과 인터넷 전문 은행 비교

---

65) 국내외 핀테크 관련 기술 및 정책동향 분석을 통한 연구분야 발굴/KISA

다. 산업 동향[66]

플랫폼 혁신에 집중하는 금융권의 기조에 따라 인터넷전문은행은 수익구조 개선을 위한 사업모델 다각화에 집중하였다. KB국민은행, 신한은행. 하나은행 등 주요 은행이 디지털전환에 집중하며 수신금리를 인상함에 따라 인터넷전문은행의 금리 경쟁력이 상대적으로 감소하게 되었다. 이에 금리상품 특판 및 주택담보대출 등 여신분야의
금리인하를 영업 기회로 활용하게 되었다.

카카오뱅크는 2022년 2월 주택담보대출 상품을 출시하고 6월에 금리를 최대 0.5%p 인하하여 대출대상을 확대하고 케이뱅크는 같은 해 7월 전세대출과 아파트담보대출 상품의 금리를 최대 0.41 %p 인하 하였다.

인터넷전문은행은 여신상품 금리인하와 함께 상품의 다각화를 기반하여 수익을 창출할 계획이다. 토스뱅크는 2022년 하반기 인터넷전문은행 최초로 '모임카드'를 출시해 경쟁사와의 차별화를 확보할 계획이다. 한 계좌에 여러 카드를 발급하는 패밀리 카드서비스와 각 모임 특성에 맞춘 혜택을 선택할 수 있는 카드 서비스를 포함할 예정이다.

카카오뱅크는 그동안 상업자전용카드(PLCC , Private Label Credit Card)를 통해 카드시장에 간접적으로 진출했으며 2022년 8월 개최한 컨퍼런스에서 카드업 라이선스 취득을 통한 직접 진출에 대해 긍정적으로 검토 중이라는 의견을 밝혔다.

인터넷전문은행은 제도설립 목표인 중·저신용자 대상 대출확대를 통한 포용적 금융실현을 위해 목표 비중을 도전적으로 설정한다. 2022년 말 카카오뱅크와 케이뱅크의 중금리 대출목표는 각 25%로, 전년대비 각각 4.2%, 3.5% 증가했으며, 토스뱅크는 지난해 34.9%에서 7.1% 상승한 42%를 목표로 달성하였다. 2022년 6월 말 기준 인터넷전문은행 중·저신용자 대출 비중은 카카오가 22.2%, 케이뱅크가 24%, 토스뱅크가 36%를 달성하며 호실적을 기록하였다.

이로 인해 시중은행 가계대출이 감소하는 반면 인터넷전문은행 대출은 증가세를 유지하고 있다. 2022년 6월 인터넷전문은행의 대출잔액은 39조 7,463억 원으로 2021년 말 33조 4,829억 원에서 6조 2,634억 원이 증가했지만, KB국민은행, 신한은행, 하나은행, 우리은행, NH농협은행 등 5대 시중은행의 가계대출은 2022년 6월 기준 699조 6,521억 원으로 전년 말 대비 1.34% 감소하는 것으로 집계됐다.

또한, 인터넷전문은행은 기업대출을 중심으로 여신사업을 확대할 전망이다. 카카오 뱅크는 2022년 하반기 중 개인사업자를 대상으로 한 '소호(SOHO) 대출'을 출시하고,
케이뱅크는 개인사업자 대출상품을 위한 인프라를 구축한다. 토스뱅크는 2022년 2월
인터넷전문은행 최초로 비대면 개인사업자 대출인 '토스뱅크 사장님 대출'을 출시했으며 향후 소득증빙이 어려운 개인사업자를 대상으로 확대할 계획이다.

---

66) 2022 한국 핀테크 동향보고서/한국핀테크지원센터

카카오뱅크는 2021년 4월 상장 예심을 청구해 인터넷전문은행 최초로 IPO를 완료했다. 토스는 기존 Pre-IPO를 계획하고 있었으나 최근 코로나19 장기화 등으로 말미암은 인플레이션과 금리인상, 러시아-우크라이나 전쟁 등의 이유로 투자심리 감소에 의한 자본시장 위축에 따른 시장 변동으로 시리즈G 이후 브릿지 단계를 진행하며 상장완료 시점을 2025년으로 변경하였다. IPO를 준비하는 대다수 기업이 공모가를 하위조정하고 상장 여부 및 일정에 대해 재검토하는 반면, 케이뱅크는 2021년 흑자전환을 기반하여 IPO를 계획대로 추진한다. 2022년 6월 IPO 예비심사 신청을 시작으로 지연사유가 발생하지 않을 경우 2023년 상장 예정이다.

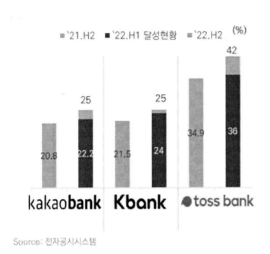

Source: 전자공시시스템

[그림 60] 인터넷전문은행 3사
중금리대출 목표 계획

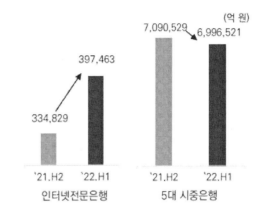

Source: 전자공시시스템

[그림 61] 인터넷전문은행, 시준은행
가계대출 현황

라. 국내[67]

1) 인터넷 전문은행 설립

해외 주요국에서 인터넷전문은행(Internet Primary Bank)이 꾸준하게 성장하고 있어 국내에서도 2002년과 2008년에 인터넷전문은행을 설립하기 위한 정책이 이미 추진된 바 있다. 특히 2008년에는 인터넷전문은행의 자금 규모와 업무 영역 등에 대한 구체적인 검토가 있었다. 금융위원회는 2015년 6월 인터넷전문은행 도입방안을 발표하며 국내 IT 인프라를 활용한 금융 서비스 발전을 위해 한국형 인터넷 전문은행 설립을 추진하였다.

[표 11] 국내 인터넷 전문은행 설립 시도

2001년	설립 시도	• SK텔레콤, 롯데그룹, 코오롱 등 대기업 + 안철수 연구소, 인테크퓨처 등 벤처 기업 컨소시엄 → V Bank(브이뱅크)
	추진 실패	• 정부의 미온적 태도 • 금융실명제 • 현금 입출입망 확보 문제 • 금산분리 및 대주주 지분 제한
2008년	설립 시도	• 제 1금융권 : HSBC 다이렉트, 산업은행 등 → 지점망 열세 극복 • 제 1금융권 : 카드업계, 키움증권 등 →교차판매 시너지, 은행 공동망 이용 • 금융전문 전산업체 : 스타뱅크(전자어음), KIBNet(ATM 기기) → 축적된 고객기반 및 금융 노하우 • 기타 : 일반 비금융 기업 → 지급결제 수수료 절감
	추진 실패	• 실명확인, 금산분리 규제 → 국회 입법 실패 • 금융위기 직후 사회적 공감 미약 • 금융 IT 발전의 초기 단계에 불과하여 필요성 미약
2015년		• 실명 확인 문제 해결 : 금융실명법 시행령(타 금융회사에서 실명확인 업[68] 무에 대한 위/수탁 허용) • 글로벌 인터넷 전문은행 성공, 금융 IT의 비약적 발전 • 금산분리 규제 완화 이슈가 남아있음(정치적 문제와 연결)

2017년 4월 케이뱅크, 7월 카카오뱅크를 시작으로 2021년 10월 토스뱅크가 출범하며 인터넷전문은행은 일상금융으로 자리를 잡았다. 2019년 7월 소재부품기업 압엑스는 제3인터넷전문은행 인가를 신청해 토스와 경쟁하였으나 예비인가 취득에 실패한다. 이후 제4인터넷전문은

---

67) 2022 한국 핀테크 동향보고서/한국핀테크지원센터
68) 국내외 핀테크 관련 기술 및 정책동향 분석을 통한 연구분야 발굴, KISA,

행을 목표로 2021년 3월 소소뱅크 설립준비위원회를 재구성해 670만 자영업자 및 1,600여 개의 사회적협동조합과연계해 저신용 영업자와 소상공인 대상 대출 영업을 계획 중이다.

2019년 1월 인터넷전문은행 설립 및 운영에 관한 특례법이 시행되고, 5월 은행업 감독규정·금융지주회사감독규정을 개정해 인터넷전문은행은 바젤III을 단계적으로 적용받는다. 바젤III이 완전히 적용되면 BIS 자기자본비율 8%이상, 보통주 자본비율 4.5%이상, 기본자본비율 6%이상 유지 등 시중은행과 동일한 자본확충 기준을 충족해야 한다. 케이뱅크와 카카오뱅크는 2023년 1월 최종안이 적용되며, 토스뱅크는 2023년까지 유예되어 경영안정 기간을 가진다.

금융당국은 코로나19 및 저금리기반 투자수요 증대에 따라 빠르게 증가하는 가계부채를 코로나 이전 수준으로 복원하기 위한 관리체계를 구축하고자 2021년 4월 가계부채 관리방안을 발표했다. 2021년 목표 증가율은 5-6%, 2022년에는 더욱 강화된 4-5% 증가율을 목표로 한다.

금융당국은 인터넷전문은행이 시중은행 대비 여신규모가 적은 등 여건의 차별성을 근거로 완화된 목표치를 제시할 가능성이 높은 것으로 보이며, 대출 총량에서 중·저신용자를 대상으로 한 대출은 제외될 가능성이 높다.

금융위원회는 2022년 5월부터 인터넷전문은행이 중소기업 및 개인 사업자에 대한 대출 영업을 확장할 수 있도록 개정된 은행법 감독규정을 적용하기로 했다. 인터넷전문은행은 2018년 도입 이후 중·저신용자 개인들에 대한 중금리 가계대출 등을 공급하는 소매은행으로서 역할에 주안점을 두어 일반 은행의 예대율 규제 가중치(가계대출 115%, 기업대출은 85%)와 달리 인터넷전문은행이 기업대출을 취급하는 경우 기존 가계대출 전부에 115%의 가중치를 부여하여 사실상 기업대출을 제한했었다.

그러나 생산적 부문으로 자금 공급이 확대될 수 있도록 예대율 규제를 단계적으로 정상화해 ①3년의 유예기간 중에는 신규 취급하는 가계대출에 대해서만 일반은행과 동일한 가중치(115%)를 적용하고 ②이후 인터넷전문은행에 대해서도 일반은행과 동일한 예대율 규제를 적용하도록 했다.

또한 인터넷전문은행의 예외적 대면거래 허용 사유를 개정하여 실제 사업영위 여부 확인 등 현장실사가 필요하거나 중소기업 대표자 등과 연대보증 계약을 체결하는 경우 대면거래를 가능하도록 했다.

2022년 7월 금융당국은 금융권의 규제를 개선하고자 금융규제혁신회의를 출범하였다. 특히, 금산분리 및 전업주의 완화는 시중은행의 요청으로 규제가 완화될 경우 비금융업권에서 은행의 신사업가능 범위가 확대할 것이며, 인터넷전문은행은 산업자본을 활용한 증자 및 사업확대가 가능할 것으로 보인다.

2015년 6월부터 2022년 7월까지의 규제 흐름을 살펴보면, 인터넷전문은행 제도가 도입된 초반에는 적절한 기관에 자격을 부여하기 위한 인허가, 설립 및 출범 지원에 대한 규제가 중점적으로 제정되었으나 이후에는 인터넷전문은행이 은행시장에서 생존하고 성장하기 위한 규제 완화가 중점적으로 규정되는 흐름을 보인다.

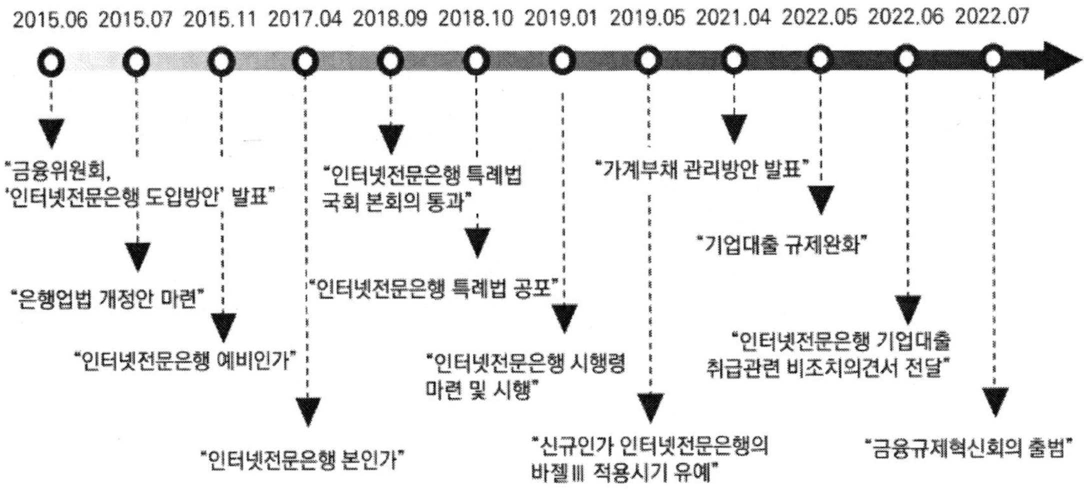

[그림 62] 인터넷전문은행 규제 정비 흐름

	현행	개정 후 3년간		3년 이후
가계대출	100%	취급분	신규: 115%	115%
	(기업대출 취급시 115%)		기존: 100%	
중소기업	-	85%		
	(85%)			
개인 사업자	-	100%		
	(100%)			

[그림 63] 인터넷전문은행 예대율 체계 개편

2) 국내 인터넷전문은행[69]

[표 12] 한국의 은행 현황

중앙은행	• 한국은행
국책은행	• KDB산업은행 • IBK기업은행 • 한국수출입
특수은행	• Sh수협

---

69) 인터넷은행 간 차별화 포인트/삼성증권

	• NH농협
시중은행	• KB국민은행
	• 우리은행
	• SC제일은행
	• 씨티은행
	• KEB하나은행
	• 신한은행
지방은행	• DGB대구은행
	• BNK부산은행
	• 광주은행
	• 제주은행
	• 전북은행
	• BNK경남은행
인터넷전문은행	• 케이뱅크
	• 카카오은행
	• 토스뱅크
외국은행의 국내지점	• 중국은행
	• 중국공상
	• BNI
	• 광대은행
	• 중국교통
	• HSBC

가) 케이뱅크

[그림 64] 케이뱅크

케이뱅크는 '국내 1호 인터넷전문은행'으로 2017년 출범했다. KT의 계열사로 평화은행 이후 24년 만에 탄생한 제1금융권 은행이다. 2500억원의 자본금을 가지고 KT, 우리은행, NH투자증권, GS리테일, 한화생명보험, 알리바바 등 21개사를 주주로 한다. 2022년 6월 기준 전체 지분 중 BC카드가 33.7%를 보유해 최대주주를 역임하고, 우리은행이 12.6% 지분을 보유한다.

빅데이터 기반 중금리 신용대출, 간편심사 소액대출, 체크카드, 간편결제 서비스, 휴대폰/이메일 기반 간편 송금, Robo-advisor 기반 자산관리, Real-time 스마트해외송금 등을 핵심서비스로 내세웠으며. 동산담보대출 자동차금융, 리스사업등 기존 제1금융권이 죽쑤고있는 시장 역시 노리고 있다.

실물통장 및 현금카드는 발행하지 않으며, 체크카드는 BC카드를 통해 발급한다. 처음에는 현재 주도권을 쥔 우리은행의 의향대로 우리카드를 통해 발급하는 것을 고려하였으나, 대부분의 결제 프로세스를 BC카드에 위탁하는 우리카드에 K뱅크의 카드 발급을 맡기는 대신 KT의 자회사가 카드업무를 맡는 것으로 결정하였다.

기존 은행보다 접근성이 떨어지는 탓에 저원가성 예금인 요구불예금 유치가 어렵기에 주요 고객층에게 어필할 만한 디지털 음원이나 데이터 쿠폰을 이자로 주는 무원가 예금유치사업모델을 계획하고 있다. 대고객 접점으로는 모든 은행의 자동화기기와 GS25편의점 내에 설치되어 있는 ATM기기 이용 수수료는 면제이다. 단, 일분 지역농협, 새마을금고 기기에서는 입금이 불가하거나 수수료가 발생할 수 있다.

케이뱅크는 디지털자산거래소 업비트와의 전략적 제휴로 2020년 말 219만 명에서 2022년 상반기 말 783만명으로 가파르게 증가했다. 그러나 최근 디지털자산 시장이 약세로 돌아서며 2022년 7월 월간활성이용자수(MAU)는 262만명으로 전달(273만 명) 대비 약 10만여 명 감소했다.

케이뱅크는 여신상품을 중심으로 2022년상반기 역대 최대치인 457억 원의 당기순이익을 기록하였다. 여신은 2021년 말 7조 900억 원에서 2022년 상반기 말 8조 7,300억 원으로 1조 6,400억 원이 성장하였으며, 수신은 동기간 11조 3,200억 원에서 12조 1,800억 원으로 8,600억 원 증가한다. 특히, 2022년 2월 금융정보와 비금융정보를 결합한 신용평가 모형을 대출심사에 적용해 중·저신용 대출 비중이 급성장한다.

신용대출 중 중·저신용 대출 비중은 2021년 말 16.6%에서 2022년 5월 말 기준 22.7%까지 성장하며 2022년 상반기 기준 1,721억 원의 이자 이익을 냈다. 또한, 기존 신용대출 중심에서 담보대출 비중이 증가하는 추세로 아파트담보 및 전세대출 잔액 비중은 2021년 상반기 13.7%에서 2022년 상반기 21.1%로 증가했다. 카드사업의 경우 2021년 7월 카드상품 첫 출시 이후 '케이뱅크 롯데카드(2022년 4월 출시)'등 제휴 신용카드 출시를 통해 41억 원의 비이자 이익을 기록했다.

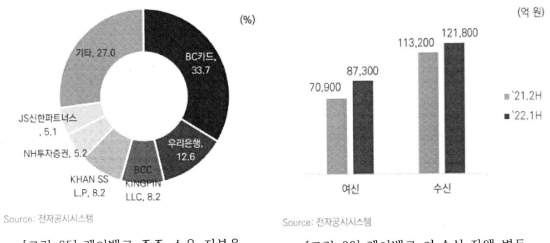

Source: 전자공시시스템

[그림 65] 케이뱅크 주주 소유 지분율

Source: 전자공시시스템

[그림 66] 케이뱅크 여·수신 잔액 변동

자료: KT, 삼성증권 정리

[그림 67] KT 금융 계열사 지배구조

나) 카카오뱅크

kakaobank

[그림 68] 카카오뱅크

카카오뱅크는 국내 2호 인터넷전문 은행이다. 설립 당시 주주사는 총 9곳으로 금산분리법 때문에 이름만 카카오일 뿐 지분의 절반이 넘는 한국투자금융지주의 자회사였다. 2017년 4월 5일 금융위원회로부터 은행업 영업 인가를 받음과 동시에 한국카카오주식회사에서 한국카카오은행으로 사명을 변경했고 4월 27일 한국투자금융지주로 자회사 편입 승인을 받았으며 5월 25일 금융공동망 업무를 개시했고 7월 27일 정식 영업을 시작했다.

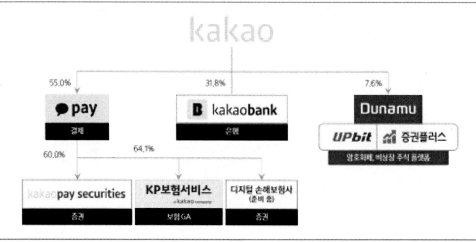

자료: 카카오, 삼성증권 정리

[그림 69] 카카오 금융 계역사 지배구조

카카오뱅크의 핵심 서비스는 빅 데이터 기반 중금리 대출, 카카오톡 기반 간편 송금, 카카오톡 기반 금융 비서, 간편 결제 서비스이다. 사용자가 5000만 명에 이르는 카카오톡의 후광 덕에 친숙한 이미지로 다가선 카카오뱅크는 시중은행이 시도하지 않은 혁신적인 아이디어로 고객을 끌어들였다. 2019년 1분기 기준 65억 6600만원의 당기순이익을 기록했고, 카카오뱅크 가입자 수는 2021년 12월 1,799만 명에서 2022년 7월 1,938만 명으로 139만 명이 증가했다.

카카오뱅크는 모바일 온리 전략으로 승부수를 던졌다. 국내 은행권에서 가장 먼저 '네이티브 앱' 방식을 개발한 것이다. 웹서버를 기반으로 작동하는 기존 은행권의 하이브리드 앱과 달리 안드로이드, iOS 등 모바일 기기 운영체제에 최적화된 개발 언어를 사용해 앱을 제작한 것이다. 덕분에 다른 은행 앱으로 로그인하고 있을 시간에 카카오뱅크 앱으로는 송금까지 마무리할 수 있었다. 또한 불편함의 대명사인 공인인증서가 필요없기 때문에 진정한 사용자 입장에서는 진정한 모바일 뱅킹이라고 느낄 수 있었던 것이다.

카카오뱅크와 케이뱅크는 모두 컨소시엄의 형태로 출범했다. 금산분리 규정상 비금융 회사로 분류되는 카카오는 지분율 10% 제한에 묶여 있었다. 그러나 카카오는 인터넷전문은행에 대한 금산분리 규제가 완화될 것이라 예상하고 한국투자금융지주와 콜옵션을 계약했다. 카카오가 한국투자금융지주보다 1주 더 많은 지분을 보유할 수 있다는 내용이다. 카카오뱅크의 최대주주가 될 수 있는 길을 열어둔 것이다.

마케팅 역량도 적극 활용했다. 카카오뱅크에 가입하면 카카오 인기 캐릭터 이모티콘을 주는 식의 마케팅이 효과적이었다. 카카오뱅크를 쓰지 않는 사람들 사이에서도 소유욕을 자극했던 '프렌즈 체크카드'는 마케팅의 정점이라고 말할 수 있다. 카카오프렌즈를 전면에 내세운 체크카드를 선보였기 때문에, 카드가 나온 2017년 4분기에는 카드 신청 후 발급까지 한달을 기다려야 할 정도였다. 프렌즈 체크카드는 800만장이 넘게 발급되었다. 금융 업계에서는 이용률에 비해 발급률이 월등히 높다는 점을 들어 비용을 걱정했다. 그러나 프렌즈 체크카드를 갖기 위해 카카오뱅크에 가입한 사람이 늘면서 인터넷전문은행을 이용하지 않던 고객까지 유입되었다. 이에 따라 시중은행 역시 유명 캐릭터나 연예인을 새긴 카드를 내놓으면서 카카오뱅크의 마케팅을 벤치마킹하고 있다.

카카오뱅크는 2022년 8월 기준 카카오가 전체 지분의 27.2%를 보유하며 최대주주 이며, 그 뒤를 이어 한국투자밸류자산운용이 23.2%, 국민연금공단이 5.7%, KB국민은행이 4.9%의 지분을 보유한다. 카카오뱅크 초기 투자자인 KB국민은행은 시장 기대치 대비 카카오뱅크 성장성이 높지 않고 경기 침체 리스크가 높아짐에 따라 카카오뱅크 지분 3%를 2022년 8월 18일 블록딜로 매각하였다. 또한 금융당국이 간편 송금을 법적으로 금지할 가능성이 제기됨에 따라 주가가 하락해 2021년 8월 상장 이후 주가가 최저가를 기록하며 최고가 대비 약 69% 하락한다.

그러나 카카오뱅크 월간활성이용자 수(MAU)로는 2022년 6월 역대 최다인 1,542만 명으로 뱅킹앱 1위를 차지한다. 여신잔액은 2021년 12월 25조 8,614억 원에서 2022년 7월 26조 9,504억 원으로 증가하였고 수신잔액도 30조 2,613억 원에서 32조 6,534억 원으로 증가했다.

이러한 성장은 고객의 관점에서 상품과 서비스를 재해석한 카카오뱅크의 노력이 주요한 것으로 보인다. 카카오뱅크는 2018년 1월 전월세보증금 대출부터 26주 적금(2018년 6월), 모임통장(2018년 12월), 제휴사대출추천서비스(2019년 4월), 중신용대출(2019년 7월), 주식담보대출(2022년 2월) 등 다양한 서비스를 출시하고 있다. 2022년 하반기 중에는 개인사업자를 대상으로 한 금융상품, 주식계좌 개설, 신용카드 제휴사 확대 등 다양한 서비스를 계획하고 있다.

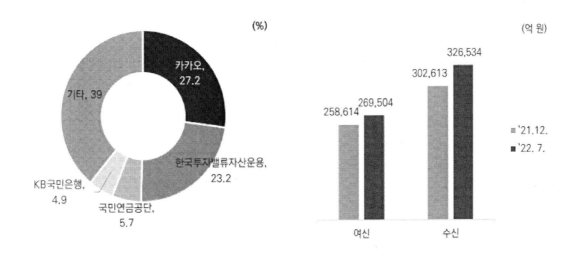

[그림 70] 카카오뱅크 지분현황

[그림 71] 카카오뱅크 여·수신 잔액 변동

다) 토스뱅크[70]

[그림 72] 토스뱅크

토스뱅크는 2021년 10월 5일 출범했다. 대한민국 스무번째 은행이며 인터넷전문은행으로 세 번째이다. 2021년 12월 기준 비바리퍼블리카가 전체 지분의 34%를 소유하며 최대주주이며, 그 뒤를 이어 이랜드월드, 하나은행, 한화투자증권, 중소기업중앙회가 각각 약 10%의 지분을 보유하고 SC제일은행이 6.7%, 웰컴저축은행이 5%를 보유한다.

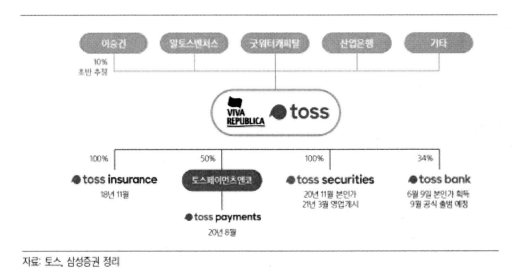

자료: 토스, 삼성증권 정리

[그림 73] 토스 지배구조

토스뱅크는 은행을 '고객이 돈을 모으고 보관하고 불리는 곳이자, 필요할 때 적절한 금리로 돈을 빌릴 수 있는 곳'이라 정의했다. 오로지 은행의 근본적인 필요에 집중하겠다는 것이다.

토스뱅크는 다른 인터넷 은행과 달리 별도의 앱을 가지고 있지 않다. 토스와 앱을 함께 쓰는 '원앱 전략'으로 기존 토스 사용자를 흡수하며 후발주자의 저력을 보여줬다. 토스뱅크는 출범 9개월만인 2022년 6월 말 가입자 360만명을 보유하게 되었다. 이는 당시 케이뱅크의 가입자 수(약750만명) 절반 가까이 따라잡은 성적이었다. '슈퍼앱' 전략에 기반하여 2022년 6월 기준 토스의 월간활성이용자 수(MAU)는 약 1,400만 명을 웃돈다. 여신 잔액은 2021년 12월 기준 5,315억에서 2022년 6월 말 4조 2,000억 원으로 집계되었으며 수신 잔액도 동기간 13조 7,900억 에서 약 21조 원으로 급증한 것으로 나타났다.

---

70) [진단] 토스뱅크만의 차별성과 안정성 모두 필요/바이라인네트워크

토스뱅크는 공급자 중심의 어렵고 복잡하게 설계된 은행 '상품'을 사용자 관점으로 재조립한 '서비스'로 혁신하며 급성장을 지속했다. 2022년 6월 인터넷전문은행 중 최초로 중·저신용자 대상 대출 비중이 35%를 넘어 연간 목표인 42%의 약 83%를 달성했다. 경쟁사인 케이뱅크와 카카오뱅크의 중저신용자 대출 비중이 20%대라는 점과 비교하면 토스뱅크는 짧은 시간 안에 목표를 달성한 셈이다.

[그림 74] 토스 원앱 전략   [그림 75] 토스 원앱 구동 화면

토스뱅크는 2021년 9월 인터넷전문은행 최초 가입기간 및 예치금액 한도를 완화한 수시입출금 통장 (조건없이 연 2% 토스뱅크통장)을 제공했으며 인터넷전문은행 최초 비대면 무보증·무담보 개인사업자 대출 출시(2022년 2월), 매일 이자지급 서비스 출시(2022년 3월), 개인사업자 맞춤형 사장님 마이너스 통장 출시(2022년 5월), 연 3% 키워봐요 적금 출시(2022년 6월) 등 다양한 상품 및 서비스를 출시하고 있다. 내게 맞는 금융상품 찾기 서비스를 통해 한국투자증권 발행어음(2,000억 원 규모)을 4일 만에 완판했으며 토스는 향후 신용카드업에 진출해 경쟁사와의 차별성을 확보할 계획이다.

특히 '지금 이자 받기 서비스'는 국내에서 하는 첫 시도였으며 결과는 만족스러웠다. 그동안 은행이 정한 조건을 충족한 뒤 정해진 날짜에만 이자를 받아야 한다는 문제점에서 착안한 '지금 이자 받기 서비스'는 고객이 원할 때 하루에 한 번 이자를 지급하는 서비스이다. 고객 약 270만명이 이 서비스를 사용하면서 지금 이자 받기는 토스의 상징적인 서비스 중 하나가 됐다.

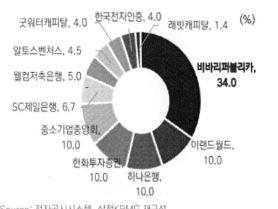

[그림 77] 토스뱅크 주주 지분

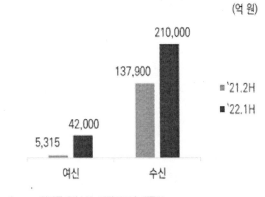

[그림 76] 토스뱅크 여·수신 잔액 변동

3) 향후 발전 방향[71]

인터넷전문은행의 서비스가 대중화됨에 따라 상품 및 서비스 간 차별성이 감소하여 생존 경쟁이 치열해지고 있다. 인터넷전문은행 3사는 신용대출, 주택담보대출, 전세대출과 함께 개인사업자 대출을 출시하며 사업 다각화를 통한 수익증대 활동에 집중하고 있으나 최근 코로나19 이후 시중은행의 업무 역시 비대면화로 전이됨에 따라 인터넷전문은행만의 차별성 확보에 어려움이 있다.

2021년 5대 시중은행 KB국민은행, 신한은행, 하나은행, 우리은행, NH농협은행이 개시한 비대면 상품을 기반해 2021년 12월 말 4,321억 원에서 2022년 3월 5,620억 원으로 약 30% 증가했다. 이에 인터넷전문은행의 고금리 예·적금 상품의 경우 우리은행의 우리첫거래우대 정기예금 상품이 연3.6%, 신한은행 아름다운 용기 정기예금이 3.4%, 하나은행 하나의정기예금이 3.3%로 더 높은 수준의 금리를 제공한다. 또한, 5대 시중은행은 디지털 혁신의 일환으로 앱 혁신을 기반해 계열사 간 연계를 강화하는 방향으로 고객 친화적 서비스를 제공한다.

정부는 금융권의 디지털전환을 위한 지원을 위해 은행의 겸영·부수업무 범위 제한 등에 대한 규제를 완화해 종합금융플랫폼으로 성장시킬 예정으로 인터넷전문은행과의 경쟁이 더욱 심화될 것으로 보인다.

인터넷전문은행은 중·저신용자 상품을 통해 대출이 성장하고 있다. 하지만, 예대율이 시중은행보다 상대적으로 낮아 이자수익 대비 이자 비용이 높아 수익성에 대한 리스크관리가 필요하다. 2021년 말 기준 카카오뱅크의 예대율은 86.1%, 케이뱅크는 62.6%, 토스뱅크는 3.9%로 자본효율성을 높일 필요가 있다.

---

71) 인터넷전문은행 도입, 은행업계는 어떻게 달라질 것인가/채명석

인터넷전문은행은 2022년 5월 시행된 은행법 시행령 및 감독규정 개정안을 기반하여 기업대출 시장에 본격적으로 진출하며 대출상품 다각화를 통한 수익창출에 집중한다. 개정안에 따르면 기존 취급하던 가계대출분은 2025년 4월 말까지 100%의 가중치만 적용되도록 예외를 두고 현장 실사가 필요한 경우 인터넷전문은행의 대면거래를 허용할 것으로 예상된다.

7. 참고문헌

7. 참고문헌

1) 네이버, 신입 개발자 공채 돌입…"200여명 채용", 한국경제, 2020
2) '삼성통장' '네이버통장' 나오나요?…넘어야 할 산은 / 일간스포츠
3) 네이버파이낸셜, '네이버페이 캠퍼스존' 확대 / ZDNET Korea
4) catch.co.kr / 카카오뱅크 기업개요
5) catch.co.kr / 카카오뱅크 채용공고
6) '일자리 유공표창' 받은 카카오뱅크, 내년 세자릿수 채용, Kaze, 2020
7) catch.co.kr / 카카오페이 기업개요
8) 인크루트 / 카카오페이 채용공고
9) '수퍼맨보다 어벤저스 되라' 판교 인사팀 취직 팁 대방출, 2019, 김○○기자
10) catch.co.kr / kg이니시스 기업개요
11) catch.co.kr / 비바리퍼블리카 기업개요
12) 고위드, 스타트업 법인카드 발급 프로세스 개편 / 테크월드뉴스(https://www.epnc.co.kr)
13) gowid 홈페이지 (GOWID Careers)
14) 잡코리아 고위드 기업정보
15) 핀테크, 변화의 서막인가? 찻잔 속의 태풍인가?/교보증권
16) 교보증권
17) KT, 교보증권
18) 금융산업 지각변동 초래할 '핀테크(Fintech)'…어떤 종목이 뜨나?/한국경제tv
19) 핀테크 시장 최근 동향과 시사점/ 정보통신기술진흥센터
20) [정유신의 핀테크] 핀테크 확대의 배경/ 즈니스 라인-비트허브
21) 핀테크의 발전 배경과 주요 동향/ 보통신정책연구원
22) 블록체인 금융을 위한 통합교육과정 설계/기업경영연구 제28권 제5호
23) 블록체인 기반 혁신금융 생태계 연구보고서/과학기술정보통신부
24) 블록체인 기반 혁신금융 생태계 연구보고서/과학기술정보통신부
25) [네이버 지식백과] 디파이
26) 핀테크와 빅테크를 넘어서는 탈중앙화 금융(DeFi)/과학기술정보통신부
27) 탈중앙화금융(DeFi)의 현황과 시사점/우리금융경영연구소
28) 로도 어드바이저 완벽 개념정리/뱅크샐러드
29) http://kixxf.tistory.com/16
30) 국내외 핀테크 관련 기술 및 정책동향 분석을 통한 연구분야 발굴/KISA
31) 핀테크 시장 최근 동향과 시사점/정보통신기술진흥센터.정해식
32) 현금 없는 사회를 향해: 코앞에 닥친 금융 환경의 변화/대학신문
33) 국내외 핀테크 산업의 주요 이슈 및 시사점/우리금융경영연구소,
34) 핀테크 산업 활성화를 위한 단계별 추진전략과 향후 과제/금융위원회
35) 핀테크 산업 활성화를 위한 단계별 추진전략과 향후 과제/금융위원회
36) '핀테크 밸리' 5대 금융이 키웠네/조선일보
37) 금융위, 핀테크· 토큰증권 등 금융 신사업 육성 위한 지원 확대/브릿지경제
38) 2022 한국 핀테크 동향보고서/한국핀테크지원센터
39) 2022 한국 핀테크 동향보고서/한국핀테크지원센터
40) [핀테크 칼럼]핀테크 ESG/전자신문
41) '뜨거운 감자' 핀테크 산업, 한국은 더딘 걸음/포춘코리아
42) 2022 한국 핀테크 동향보고서/한국핀테크지원센터
43) 새로워진 핀테크 시장/코스콤
44) 한국은행
45) 2021년 하반기 금융안정보고서, 핀테크·빅테크가 은행 경영에 미치는 영향/한국은행
46) 금소법 시행령에 핀테크 반발/전자신문
47) 베트남 핀테크 시장의 부상 및 전망/국제금융센터
48) [핀테크칼럼]베트남 핀테크의 급부상, 동남아 핀테크의 허브 가능성/전자신문
49) 세가지 키워드로 보는 2021년 인도 핀테크 트렌드/KOTRA & KOTRA 해외시장뉴스
50) 인도 핀테크 산업의 성장: 최근 시장 동향과 정부 규제 현황/KIEP 대외경제정책연구원
51) 몽골 핀테크 시장 동향/KOTRA & KOTRA 해외시장뉴스
52) 글로벌 빅테크 기업이 일본의 핀테크 시장을 탐내는 이유/KOTRA & KOTRA 해외시장뉴스
53) 닻올린 일본의 디지털화폐 실험…굳건한 '현금사랑' 무너뜨릴까 [글로벌 리포트]/파이낸셜뉴스
54) 말레이시아 핀테크 시장현황/KOTRA & KOTRA 해외시장뉴스

55) 경제 발전의 핵심 동인 말레이시아 이슬람 금융 산업/비즈니스 인사이트
56) 필리핀 모바일 간편결제 현황과 전망/한국관광공사
57) 독일 핀테크 산업 규모, 4년 만에 23배 성장/KOTRA & KOTRA 해외시장뉴스
58) 2022 한국 핀테크 동향보고서/한국핀테크지원센터
59) 나무위키
60) 1989년
61) 2003년
62) 2011년
63) 정보통신업 주력그룹은 기업진단 내 정보통신업 주력 기업 자산 합계액을 기업집단 내 비 금융회사 자산 합계액으로 나눈 값이 50이상인 그룹이다.
64) 금융위원회
65) 국내외 핀테크 관련 기술 및 정책동향 분석을 통한 연구분야 발굴/KISA
66) 2022 한국 핀테크 동향보고서/한국핀테크지원센터
67) 2022 한국 핀테크 동향보고서/한국핀테크지원센터
68) 국내외 핀테크 관련 기술 및 정책동향 분석을 통한 연구분야 발굴, KISA,
69) 인터넷은행 간 차별화 포인트/삼성증권
70) [진단] 토스뱅크만의 차별성과 안정성 모두 필요/바이라인네트워크
71) 인터넷전문은행 도입, 은행업계는 어떻게 달라질 것인가/채명석

초판 1쇄 인쇄 2023년 3월 14일
초판 1쇄 발행 2023년 3월 27일

편저 미래기술정보리서치
펴낸곳 비티타임즈
발행자번호 959406
주소 전북 전주시 서신동 780-2 3층
대표전화 063 277 3557
팩스 063 277 3558
이메일 bpj3558@naver.com
ISBN 979-11-6345-437-3 (13560)

이 도서의 국립중앙도서관 출판예정도서목록(CIP)은 서지정보유통지원시스템 홈페이지
(http://seoji.nl.go.kr)와 국가자료공동목록시스템 (http://www.nl.go.kr/kolisnet)에서 이용
하실 수 있습니다.